화장품 위생관리

최화정, 박미란, 정다빈 지음

光 文 閣
www.kwangmoonkag.co.kr

머리말

　화장품 시장은 매우 빠르게 변화하였고, 개인의 취향을 반영한 맞춤형화장품의 시대로 접어들었습니다. 현대의 소비자들은 더 이상 브랜드에 끌려 다니지 않으며 오히려 소비자가 브랜드에 영향을 끼치고 있습니다. 소비자들은 환경을 생각하고 가치 소비를 지향하는 바람직한 소비의 형태로 자리 잡기 시작했고, 또 이러한 현상은 화장품 산업에까지 작용하면서 화장품에 대한 기대치가 아름다움에서 안전함으로 옮겨가고 있습니다. 이처럼 안전한 화장품을 생산하기 위해서는 무엇보다도 화장품 위생관리는 필수 요소이며 체계적으로 점검·관리되어야 하는 부분입니다.

　본 교재는 화장품학 중에서 특히 화장품 위생관리에 초점을 맞추어 집필하였습니다. 화장품은 인체에 직접 바르고 문지르거나 뿌리는 것으로 식품위생만큼이나 안전 및 위생관리가 중요하다고 할 수 있습니다. 미생물 오염이 일어난 화장품은 품질이 저하될 뿐만 아니라 소비자의 건강에도 나쁜 영향을 미칠 수 있기 때문에 위생관리는 필수이며 체계적으로 철저히 관리되어야 하는 부분입니다. 따라서 이 교재에서는 화장품의 제조 과정, 화장품 작업자, 화장품 작업장, 화장품 시험실에 이르기까지 화장품 제조와 관련된 모든 공정의 위생관리에 대해 정리하여 이 책을 보는 독자들에게 화장품 위생관리에 대한 전체적인 흐름에 대해 이해할 수 있도록 구성하였습니다.

　이 책이 화장품 위생관리에 대한 기본서로서 화장품 및 미용을 공부하는 학생들과 맞춤형화장품조제관리사, 그리고 화장품 및 미용 관련 종사자에게 가이드북이 될 수 있기를 바랍니다.

저자 일동

목차

4. 화장품 작업소 청정도 평가 및 관리

5. 건물과 시설관리

6. 공중위생관리법

7. 화장품 시험실 안전 및 위생관리

CHAPTER

1

화장품 법령 체계 및
화장품의 정의와 유형

화장품 위생관리

CHAPTER

1

화장품 법령 체계 및 화장품의 정의와 유형

1.1 화장품 관련 법령 체계

1) 화장품산업 관련 법률

(1) 화장품법

화장품과 관련하여 화장품의 연구개발에서부터 생산되어 소비자에게 유통 판매되기까지 가장 기본이 되는 법률을 말하며 화장품의 제조·수입·판매 및 수출 등에 관한 사항을 규정함으로써 국민보건 향상과 화장품 산업의 발전에 기여함을 목적으로 한다.

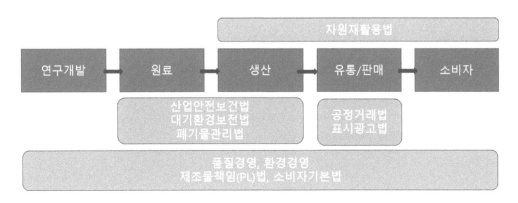

2) 국내외 화장품 관련 법규

한국	- 화장품법 - 화장품법 시행령, 화장품법 시행규칙
미국	- Federal Food, Drugs and Cosmetics Acts - 21 Code of Federal Regulation (part 700~740)
유럽	- EU Regulation(EC) No 1223/2009
아세안	- ASEAN Cosmetic Directive
중국	- 화장품 위생감독조례 - 화장품 위생감독실시세칙
일본	- 의료기기, 의약품 등의 품질, 안전성 및 유효성 확보 등에 관한 법률(약기법) - 약기법 시행규칙

3) 화장품법의 변화

1953년 12월	약사법으로 제정, 화장품 규제를 포함 [법률 제300호]
1991년 12월	종별허가제 시행
1999년 09월	화장품법 제정
2000년 06월	화장품법 시행령 제정
2000년 07월	화장품법 시행규칙 제정
2008년 10월	전성분 표시제도 도입
2011년 08월	화장품법 전부개정법률 공포

2012년 12월	화장품법 시행령의 일부 개정/화장품법 시행규칙 전부 개정
2016년 05월	화장품법 일부개정법률 공포 (기능성화장품의 확대 등)
2018년 03월	화장품법 일부개정법률 공포 (맞춤형화장품판매업 신설 등)

1.2 화장품법의 변화

1) 화장품법의 변화

- 1953. 12 약사법 제정 (화장품 규제 포함)[법률 제300호]
- 1991. 12 종별 허가제 시행
- 1999. 09 화장품법 제정
- 2000. 06 화장품법 시행령 제정
- 2000. 07 화장품법 시행규칙 제정
- 2008. 10 전성분 표시제도 도입
- 2011. 08 화장품법 전부개정법률 공포
- 2012. 02 화장품법 시행령 일부 개정/화장품법 시행규칙 전부 개정
- 2016. 05 화장품법 일부 개정법률 공포 (기능성화장품 확대 등)
- 2018. 03 화장품법 일부 개정법률 공포 (맞춤형화장품판매업 신설 등)

    1953년 12월에 제정된 약사법의 규정에 따라 화장품의 제조·수입·판매 등에 대해 규제하여 왔으며, 화장품은 약사법에서 의약품 등의 범위에 포함되어 의약품과 유사하거나 동등한 규제를 받으므로 화장품의 특수성이 반영되기 어려웠다. 약사법 제정 이후 화장품 관련 사항이 포함되어 개정된 것은 1991년 단 1회이

며, 그 내용도 제한적이었다. 이러한 사유 등으로 약사법의 일부 개정보다는 근본적으로 화장품에 관련된 별도의 법령 제정을 통한 개선이 필요하다고 판단되어 독립된 화장품법 제정을 추진하게 되었다.

1995년부터 추진된 화장품법은 1999년 8월 12일 국회에서 의결되고 1999년 9월 7일 법률 제6025호로 공포되어 2000년 6월에 화장품법 시행령이 제정되었으며, 2000년 7월 시행규칙이 제정되었다.

2008년 10월에는 전성분 표시 제도가 도입이 되는데, 이는 현재의 화장품 법령의 토대를 마련했다고 할 수 있으며 2011년 8월에 화장품법 전부개정 법률이 공포되면서 지금의 책임판매업자 제도가 생겼으며 원료의 네거티브 시스템 등을 도입하게 된다.

2016년 5월에는 기존의 기능성화장품이 3종류에서 5종류로 확대되었고, 2018년 3월에 맞춤형화장품판매업을 신설하여 2020년 3월부터 맞춤형화장품판매업이 시행되고 있다.

1.3 화장품 관련 정의

1) 화장품의 정의

인체를 청결·미화하여 매력을 더하고 용모를 밝게 변화시키거나 피부·모발의 건강을 유지 또는 증진하기 위하여 인체에 바르고 문지르거나 뿌리는 등 이와 유사한 방법으로 사용되는 물품으로서 인체에 대한 작용이 경미한 것을 말한다. (약사법 제2조제4호에서 의약품에 해당되는 물품은 제외)

(1) 주요국 화장품의 정의

주요국의 화장품 정의에 대해 살펴보면 넓은 범위의 정의에서는 비슷하나 화장품의 유형에 대해서는 약간의 차이가 있을 수 있다. 치약, 구강 제품의 경우 우리나라에서는 의약외품으로 관리되고 있으나 미국, 유럽, 아세안에서는 화장품으로 관리되고 있는 것이 큰 차이점이라 할 수 있다.

국 가	근거규정	화장품 정의
미국	FD&C Act sec. 321(i)	- 인체의 청결과 미화, 매력 촉진 또는 외모를 변화시키기 위하여 문지르고 뿌리고 스프레이하고 바르고 기타의 방법으로 인체와 그 부속기관에 적용하기 위해 사용된 물품과 그 구성품 (비누는 제외)
유럽	EU Regulation (EC)1223/2009	- 인체의 외부(피부, 모발, 손톱, 입술, 외부 생식기관) 또는 치아와 구강점막의 청결, 향기 부여, 그 외관의 변화, 보호, 건강한 상태로 유지 또는 체취의 교정을 목적으로 사용하는 물질 또는 혼합물
일본	일본 약기법	- 사람의 신체를 청결하고 미화하여 매력을 증대시키고, 용모를 바꾸거나 피부와 모발을 건강하게 유지하기 위하여 신체에 살포, 도찰 등 이와 유사한 방법으로 사용이 되는 것을 목적으로 인체에 대한 작용이 완화한 것을 말함. - 단, 이러한 목적 외에 의약품 사용의 목적을 포함하거나 의약외품을 제외함.
중국	화장품 위생감독 조례 (위생부령 제3호)	- 인체 표면의 전체 부위(모발, 피부, 손톱, 입술 등)에 살포, 도찰 또는 유사한 기타의 방법으로 사용하는 것으로 청결, 악취 제거, 피부 보호, 미용과 같은 가꿈의 목적을 달성하는 일상용 화학공업 제품을 말함.
아세안	ASEAN Cosmetic Directive	- 다양한 인체의 외피부분(모발, 표피, 입술, 손톱 및 외부 생식기관) 또는 구강점막 및 치아에 청결과 방향, 용모 변화, 보호, 체취 정돈, 건강한 상태로 유지하기 위하여 도포되는 물질 또는 제제를 의미함.

2) 기능성화장품의 정의와 범위

(1) 기능성화장품

화장품 중에서 화장품 법령에서 규정하고 있는 특별한 효능을 가진 제품을 기능성화장품이라고 한다.

(2) 화장품법에 의한 기능성화장품 분류

① 미백에 도움을 주는 제품
② 주름 개선에 도움을 주는 제품
③ 모발의 색상 변화나 모발의 제거 또는 모발의 영양 공급에 도움을 주는 제품
④ 피부, 모발의 기능 약화로 인해 발생하는 갈라짐, 건조함, 각질화, 빠짐 등의 방지, 개선에 도움을 주는 제품
⑤ 피부를 곱게 태워 주거나 자외선 보호에 도움을 주는 제품

(3) 기능성화장품의 세부 범위

미백에 도움을 주는 제품	1. 피부에 멜라닌색소가 침착하는 것을 방지하여 기미, 주근깨 등의 생성을 억제함으로써 피부의 미백에 도움을 주는 기능을 가진 화장품 2. 피부에 침착된 멜라닌색소의 색을 엷게 하여 피부의 미백에 도움을 주는 기능을 가진 화장품	2000년도 기능성 화장품 최초 도입 이후 기능성화장품 으로 분류된 품목
주름 개선에 도움을 주는 제품	1. 피부에 탄력을 주어 피부의 주름을 완화 또는 개선하는 기능을 가진 화장품	
피부를 곱게 태워 주거나 자외선 보호에 도움을 주는 제품	1. 강한 햇볕을 방지하여 피부를 곱게 태워주는 기능을 가진 화장품 2. 자외선을 차단 또는 산란시켜 자외선으로부터 피부를 보호하는 기능을 가진 화장품	

모발의 색상 변화나 모발의 제거 또는 모발의 영양 공급에 도움을 주는 제품	1. 모발 색상을 변화[탈염(脫染), 탈색(脫色)]시키는 기능을 가진 화장품 (일시적인 염모제는 제외) 2. 체모 제거의 기능을 가진 화장품 (물리적인 제모제는 제외)	
피부, 모발의 기능 약화로 인해 발생하는 갈라짐, 건조함, 각질화, 빠짐 등의 방지, 개선에 도움을 주는 제품	1. 탈모 증상의 완화에 도움을 주는 화장품(물리적으로 모발을 굵게 보이게 하는 제품은 제외) 2. 여드름성 피부 완화에 도움을 주는 화장품(인체 세정용 제품에 한정함) 3. 아토피성 피부로 인한 건조함 등을 완화하는 데 도움을 주는 화장품 4. 튼살로 인해 발생한 붉은 선을 엷게 하는 것에 도움을 주는 화장품	2016년에 법이 개정되어 2017년 5월부터 기능성화장품으로 분류된 품목

3) 화장품의 유형과 사용 시 주의사항

(1) 화장품의 유형(의약품은 제외함)

가. 만 3세 이하 영유아용 제품

  1) 영유아용 로션, 크림

  2) 영유아용 샴푸, 린스

  3) 영유아용 오일

  4) 영유아 목욕용 제품

  5) 영유아 인체 세정용 제품

나. 목욕용 제품류

  1) 버블 배스(bubble baths)

  2) 목욕용 오일·정제·캡슐

  3) 목욕용 소금류

  4) 그 외의 목욕용 제품류

다. 인체 세정용 제품류

1) 액체 비누(물비누, liquid soaps) 및 화장 비누(고체의 세안용 비누)

2) 폼 클렌저(foam cleanser)

3) 바디 클렌저(body cleanser)

4) 외음부 세정제

5) 물휴지. 다만, 「위생용품 관리법」(법률 제14837호) 제2조제1호라목2)에서 말하는 「식품위생법」 제36조제1항제3호에 따른 식품접객업의 영업소에서 손을 닦는 용도 등으로 사용할 수 있도록 포장된 물티슈와 「장사 등에 관한 법률」 제29조에 따라 장례식장 또는 「의료법」 제3조에 따라 의료기관 등에서 시체(屍體)를 닦는 목적으로 사용되는 물휴지는 제외한다.

6) 그 외의 인체 세정용 제품류

라. 눈 화장용 제품류

1) 아이 라이너(eye liner)

2) 아이브로 펜슬(eyebrow pencil)

3) 아이 섀도(eye shadow)

4) 아이 메이크업 리무버(eye make-up remover)

5) 마스카라(mascara)

6) 그 외의 눈 화장용 제품류

마. 방향용 제품류

1) 향수

2) 향낭(香囊)

3) 분말향

4) 콜롱(cologne)

5) 그 외의 방향용 제품류

바. 두발(hair) 염색용 제품류

  1) 헤어 컬러스프레이(hair color sprays)

  2) 헤어 틴트(hair tints)

  3) 탈염·탈색용 제품

  4) 염모제

  5) 그 외의 두발(hair) 염색용 제품류

사. 색조 화장용 제품류

  1) 페이스 파우더(face powder)와 페이스 케이크(face cakes)

  2) 리퀴드(liquid)·크림·케이크 파운데이션(foundation)

  3) 볼연지

  4) 메이크업 베이스

  5) 메이크업 픽서티브

  6) 립스틱, 립라이너(lip liner)

  7) 립글로스(lip gloss), 립밤(lip balm)

  8) 바디 페인팅(body painting), 페이스 페인팅, 분장용 제품

  9) 그 외의 색조 화장용 제품류

아. 두발(hair)용 제품류

  1) 샴푸, 린스

  2) 헤어 컨디셔너(hair conditioners)

  3) 헤어 토닉(hair tonics)

  4) 헤어 그루밍 에이드(hair grooming aids)

  5) 헤어 오일

  6) 헤어 스프레이·무스·왁스·젤

  7) 포마드(pomade)

  8) 헤어 스트레이트너(hair straightner)

9) 퍼머넌트 웨이브(permanent wave)

10) 흑채

11) 그 외의 두발용 제품류

자. 손발톱용 제품류

1) 베이스코트, 언더코트

2) 탑코트(topcoats)

3) 네일폴리시, 네일에나멜

4) 네일폴리시·네일에나멜 리무버

5) 네일 크림·로션·에센스

6) 그 외의 손발톱용 제품류

차. 면도용 제품류

1) 셰이빙 폼(shaving foam)

2) 셰이빙 크림(shaving cream)

3) 애프터셰이브 로션(aftershave lotions)

4) 프리셰이브 로션(preshave lotions)

5) 남성용 탤컴(talcum)

6) 그 외의 면도용 제품류

카. 기초화장용 제품류

1) 로션, 크림

2) 수렴·유연·영양 화장수

3) 에센스, 오일

4) 마사지 크림

5) 파우더

6) 팩, 마스크

7) 바디 제품

8) 눈 주위 제품

9) 손·발의 피부 연화 제품

10) 클렌징 워터, 클렌징 오일, 클렌징 로션, 클렌징 크림 등 메이크업 리무버

11) 그 밖의 기초화장용 제품류

타. 체취 방지용 제품류

1) 데오도란트

2) 그 외의 체취 방지용 제품류

파. 체모 제거용 제품류

1) 제모 왁스

2) 제모제

3) 그 외의 체모 제거용 제품류

(2) 사용 시의 주의사항

가. 공통사항

1) 화장품 사용 시 또는 사용 후의 직사광선에 의해 사용 부위가 부어오름, 붉은 반점, 또는 가려움증 등과 같은 이상 증상이나 부작용이 발생하는 경우 전문의에게 상담할 것

2) 상처가 있는 부위에는 사용 자제할 것

3) 보관 및 취급 시 주의사항

가) 어린이 손이 닿지 않는 곳에서 보관할 것

나) 직사광선을 피하여 보관할 것

나. 개별사항

1) 미세한 알갱이가 포함된 스크러브 세안제

알갱이가 눈에 들어갔을 경우 물로 씻어내고, 이상이 발생한 경우에는 전문

의에게 상담할 것

2) 팩

눈 주변을 피해 사용할 것

3) 두발용 및 두발 염색용, 눈 화장용 제품류

눈에 들어갔을 때에는 곧바로 씻어낼 것

4) 모발(hair)용 샴푸

가) 눈에 들어갔을 때에는 곧바로 씻어낼 것

나) 사용 후에 물로 씻어내지 않으면 탈모나 탈색의 가능성이 발생하므로 주의할 것

5) 헤어 스트레이트너 제품 및 퍼머넌트 웨이브 제품

가) 얼굴·두피·눈·손·목 등에 약액이 묻지 않게 유의하고, 얼굴 등에 약액이 묻었을 때는 즉시 물로 씻어낼 것

나) 생리 또는 출산 전후이거나 특이 체질 등의 질환이 있는 사람은 사용을 피할 것

다) 머리카락의 손상을 피하기 위하여 용량과 용법을 지켜야 되며, 가능하면 일부분에 시험적으로 사용해 볼 것

라) 15℃ 이하의 어두운 장소에 보존하고, 변색되거나 침전된 경우에는 사용하지 말 것

마) 개봉 제품은 7일 이내에 사용을 할 것(에어로졸 제품 또는 사용 중 공기 유입이 차단되는 용기의 경우는 표시하지 아니한다)

바) 제2단계 퍼머액 중에서 주성분이 과산화수소인 제품은 머리카락이 검은색에서 갈색으로 변할 수 있으므로 유의할 것

6) 외음부 세정제

가) 정해진 용법 및 용량을 잘 지킬 것

나) 만 3세 이하 영유아에게는 사용을 금할 것

다) 임신 중 사용하지 않는 것이 바람직하며, 분만 직전에는 외음부 주위에는 사용을 금할 것

라) 프로필렌글리콜(Propylene glycol)이 함유되어 있으므로 이 성분에 알레르기 병력이 있거나 과민한 사람은 신중하게 사용할 것(프로필렌글리콜이 함유된 제품만 표시한다)

7) 손과 발의 피부 연화 제품(요소 제제인 핸드크림과 풋크림)

가) 눈이나 코 또는 입 등에 닿지 않도록 주의할 것

나) 프로필렌글리콜(Propylene glycol)이 함유되어 있으므로 이 성분에 알레르기 병력이 있거나 과민한 사람은 신중히 사용할 것(프로필렌글리콜이 함유된 제품만 표시한다)

8) 체취 방지용 제품

가) 제모 직후 사용하지 말 것

9) 고압가스가 사용되는 에어로졸 제품[무스는 가)부터 라)까지의 사항을 제외한다]

가) 동일한 부위에 연속하여 3초 이상 분사하지 말 것

나) 가능하면 인체로부터 20㎝ 이상 떨어진 거리에서 사용할 것

다) 눈 주위나 점막 등에 분사하지 말 것. 단, 자외선 차단제의 경우 손에 덜어 얼굴에 바르고 얼굴에 직접 분사하지 말 것

라) 분사가스는 직접적으로 흡입되지 않도록 주의할 것

마) 보관 및 취급상 주의사항

(1) 불꽃 길이 시험에 의한 화염이 인지가 되지 않는 것으로 가연성 가스를 사용하지 않는 제품

(가) 40℃ 이상의 장소나 밀폐된 곳에 보관하지 말 것

(나) 사용한 후에는 잔여 가스가 남지 않도록 하고 불 속에 버리지 말 것

(2) 가연성 가스 사용 제품

(가) 불꽃을 향해 사용을 금할 것

(나) 난로, 풍로 등 화기 부근 또는 화기를 사용하고 있는 실내에서 사용하지 말 것

(다) 40℃ 이상의 장소나 밀폐된 장소에 보관하지 말 것

(라) 밀폐된 실내에서 사용한 후에는 반드시 환기를 시킬 것

(마) 불 속에 버리지 말 것

10) 고압가스 사용을 하지 않는 분무형 자외선 차단제: 손에 덜어 얼굴에 바르며 얼굴에 직접 분사하지 말 것

11) 알파-하이드록시애시드(α-hydroxyacid, AHA)(이하 "AHA"라 한다)가 함유된 제품(0.5% 이하의 AHA를 함유한 제품은 제외한다.)

가) 햇빛으로부터의 피부 감수성이 증가될 수 있으므로 자외선 차단제와 함께 사용할 것(씻어내는 제품이나 두발용 제품은 제외한다)

나) 피부의 일부에 시험으로 사용하고 피부 이상을 확인할 것

다) 고농도의 AHA 성분에 의하여 부작용이 발생할 가능성이 있으므로 전문의에게 상담할 것(AHA 성분이 10%를 초과하나 산도가 3.5 미만인 제품에만 표시한다)

12) 염모제(산화염모제와 비산화염모제)

가) 아래의 분들은 사용을 금해야 한다. 사용 후 피부 또는 신체가 피부 이상 반응(염증, 부종 등)이 일어나거나, 과민 상태로 되거나, 현재의 증상이 악화될 가능성이 있다.

(1) 지금까지 이 제품에 배합된 '과황산염'이 함유된 탈색제로 인하여 몸이 부은 적이 있는 경우, 사용 중이나 사용 직후에 구토, 구역 등 속이 좋지 않은 경험을 하신 분(이 내용은 '과황산염'이 배합되어진 염모제에만 표시한다)

(2) 지금까지의 염모제 사용 시 피부 이상반응(염증, 부종 등)의 경험이 있거나, 염색 중 또는 염색 직후에 발적, 발진, 가려움 등이 있거나 구토, 구역 등 속이 좋지 않았던 경험을 하신 분

(3) 피부시험(패치 테스트, patch test)의 결과, 이상 발생의 경험이 있는 분

(4) 얼굴, 두피, 목덜미에 부스럼, 피부병, 상처가 있는 분

(5) 생리 중이거나 임신 중 또는 임신의 가능성이 있는 분

(6) 출산 후, 병중이거나 병후의 회복 중인 분, 그 외의 신체에 이상이 있는 분

(7) 신장질환, 혈액질환, 특이 체질이 있는 분

(8) 권태감, 미열, 호흡 곤란, 두근거림의 증상이 계속되거나 코피와 같은 출혈이 잦고 생리, 또는 그 외의 출혈을 멈추는 것에 어려운 증상이 있는 분

(9) 이 제품에 첨가제로 함유되어 있는 프로필렌글리콜에 의하여 알레르기가 일어날 수 있으므로 이 성분에 알레르기 반응을 보였던 적이 있거나 과민하신 분은 사용 전에 의사나 약사와 상의해야 한다. (프로필렌글리콜을 함유한 제제에만 표시한다)

나) 염모제 사용 전의 주의

(1) 염색하기 전 염색하기 2일 전(48시간 전)에는 아래의 순서에 따라 매회 반드시 패치 테스트(patch test)를 실시한다. 패치 테스트는 염모제에 부작용이 있는지 아닌지를 알아보는 테스트이다. 과거에 아무 이상 없이 염색한 경우에도 체질의 변화에 따라서는 알레르기 등과 같은 부작용이 발생 가능성이 있으므로 매회 반드시 실시하도록 한다. (패치 테스트의 순서 ① ~ ④를 그림 등을 사용해 알기 쉽게 표시하며, 필요시에는 사용상의 주의사항에 "별첨"으로 하여 첨부할 수 있음)

① 먼저 팔의 안쪽이나 귀 뒤쪽 머리카락이 있는 주변의 피부를 비눗물로 잘 씻어내고 탈지면으로 가볍게 닦는다.

② 그다음 이 제품을 소량 취하여 정해진 용법대로 혼합한 후 실험액을 준비한다.

③ 실험액을 앞서 세척한 부위에 동전만한 크기로 도포하고 자연 건조시킨 후 그대로 48시간 동안 방치한다. (시간을 잘 엄수한다)

④ 테스트 부위 관찰은 테스트액을 도포한 후 30분 그리고 48시간 이후 총 2회를 반드시 실시한다. 그때 도포한 부위에 발적, 발진, 가려움, 자극, 수포 등의 피부 이상이 발생하는 경우에는 손으로 만지지 말고 바로 씻고 염모는 하지 않는다. 테스트 중, 48시간 이전이라도 위와 같은 피부 이상을 느낀 경우에는 곧바로 테스트를 멈추고 테스트액을 씻어낸 후 염모는 하지 않는다.

⑤ 48시간 내에 이상 발생이 없다면 바로 염모를 한다.

(2) 눈썹이나 속눈썹은 위험하므로 사용을 금한다. 염모액이 눈에 들어갈 가능성이 있다. 그 외에 두발 이외에는 염색을 하지 않아야 한다.

(3) 면도 직후에는 염색을 삼간다.

(4) 염모 전과 염모 후의 1주일간은 파마·웨이브(퍼머넨트웨이브)를 삼간다.

다) 염모 시의 주의

(1) 염모액 또는 머리를 감는 동안 그 액이 눈에 들어가지 않게 주의해야 한다. 눈에 들어가면 심한 통증이 발생되거나 상황에 따라서는 눈에 손상 (각막 염증)이 발생할 수 있다. 만일 눈에 들어갔을 때에는 절대로 손으로 비비지 말고 곧바로 물이나 미지근한 물로 15분 이상 잘 씻어내고 즉시 안과 전문의의 진찰을 받도록 한다. 임의로 안약 등을 사용하지 말아야 한다.

(2) 염색 중 목욕을 하지 않으며 염색 전에 머리를 적시거나 감는 것을 삼간다. 물방울이나 땀 등을 통해서 염모액이 눈에 들어갈 염려가 있다.

(3) 염모 중에 발적, 발진, 부어오름, 강한 자극감, 가려움 등의 피부 이상이나 구토, 구역 등의 이상이 느껴질 때에는 즉시 염색을 멈추고 염모액을 잘 씻어낸다. 그대로 방치할 시 증상이 악화될 가능성이 있다.

(4) 염모액이 피부에 묻으면 곧바로 물 등으로 씻어낸다. 손가락과 손톱을 보호하기 위하여 장갑을 착용하고 염색한다.

(5) 환기가 잘 되는 곳에서 염모를 한다.

라) 염모 후의 주의

(1) 얼굴, 머리, 목덜미 등에 발적, 발진, 가려움, 자극, 수포 등의 피부 이상 반응이 나타난 경우, 그 부위의 피부를 손으로 문지르거나 긁지 말고 바로 피부과 전문의에게 진찰을 받도록 한다. 임의로 의약품 사용을 하는 것은 삼간다.

(2) 염모 중이나 염모 후에 속이 메스꺼워지는 등의 신체 이상이 느껴지는 분은 의사에게 상담하도록 한다.

마) 보관 및 취급상의 주의

(1) 혼합한 염모액은 밀폐된 용기에 보관하지 않는다. 혼합한 액으로부터 발생하는 가스의 압력으로 인해 용기가 파손될 염려가 있어 위험하다. 또한, 혼합한 염모액이 위로 튀거나 주변을 오염시키며 지워지지 않게 된다. 혼합한 액의 잔여액은 효과가 없으므로 잔여액은 반드시 바로 버리도록 한다.

(2) 용기를 버릴 때에는 반드시 뚜껑을 열고 버린다.

(3) 사용 후 혼합이 안 된 액은 직사광선과 공기의 접촉을 피해 서늘한 곳에서 보관한다.

13) 탈염·탈색제

가) 다음 사항의 분들은 사용하지 않아야 한다. 사용 후에 피부 이상반응을 보이거나, 피부나 신체가 과민 상태로 되거나, 현재의 증상이 더욱더 악화될 가능성이 있다.

(1) 얼굴, 두피, 목덜미에 부스럼, 피부병, 상처가 있는 분

(2) 생리 중, 임신 중 또는 임신 가능성이 있는 분

(3) 출산 후 또는 병중이거나 병에서 회복 중에 있는 분, 그 외에 신체 이상이 있는 분

나) 다음의 분들은 신중히 사용해야 한다.

(1) 신장질환, 혈액질환, 특이 체질 등의 병력이 있는 분은 피부과 전문의와 상의 후 사용한다.

(2) 이 제품에서 첨가제로 함유된 프로필렌글리콜에 의해 알레르기가 일어날 수 있으므로 이 성분에 알레르기 반응을 보였거나 과민하신 분은 사용 전에 의사나 약사와 상의하도록 한다.

다) 사용 전의 주의

(1) 눈썹이나 속눈썹에는 위험하므로 사용을 금한다. 제품이 눈에 들어갈 수 있다. 또한, 두발(hair) 이외의 부분(손발의 털 등)에는 사용을 금한다. 피부 부작용(염증, 피부 이상반응 등)이 나타날 수 있다.

(2) 면도 직후에는 사용을 금한다.

(3) 사용 전후로 1주일 이내에는 헤어스트레이트너 제품 및 퍼머넌트웨이브 제품을 사용하지 않는다.

라) 사용 시의 주의

(1) 제품이나 머리를 감는 동안에 제품이 눈에 들어가지 않게 주의한다. 만약 눈에 들어갔을 때에는 절대로 손으로 비비지 말고 곧바로 물 또는 미지근한 물에 15분 이상 씻어 흘려 내고 즉시 안과 전문의 진찰을 받도록 한다. 임의로 안약 사용은 삼간다.

(2) 사용하는 도중에 목욕을 하거나 사용하기 전에 머리를 적시거나 감지 말아야 한다. 물방울이나 땀 등을 통해 제품이 눈에 들어갈 수 있다.

(3) 사용 중에 발적, 발진, 부어오름, 강한 자극감, 가려움 등 피부에 이상이 느껴지면 즉시 사용을 멈추고 잘 씻어낸다.

(4) 제품이 피부에 묻었을 때에는 즉시 물 등을 이용하여 씻어낸다. 손가락이나 손톱을 보호하기 위해 장갑을 착용하고 사용한다.

(5) 환기가 원활한 곳에서 사용한다.

마) 사용 후 주의

(1) 얼굴, 두피, 목덜미 등에 발적, 발진, 가려움, 자극, 수포 등과 같은 피부 이상반응이 발생한 때에는 그 부위를 손으로 문지르거나 긁지 말고 즉시 피부과 전문의 진찰을 받도록 한다. 임의적으로 의약품을 사용하는 것은 삼간다.

(2) 사용 중 또는 사용 후에 구토, 구역 등 신체에 이상이 느껴지시는 분은 의사에게 상담을 받는다.

바) 보관 및 취급상의 주의

(1) 혼합한 제품이 밀폐된 용기에 보존되지 않도록 한다. 혼합한 제품으로부터 생기는 가스의 압력으로 인하여 용기가 파열될 가능성이 있어 위험하다. 또한, 혼합한 제품이 위로 튀거나 주변을 오염시켜 지워지지 않게 된다. 혼합한 제품 잔액은 효과가 없기 때문에 반드시 버려야 한다.

(2) 용기를 버릴 때에는 뚜껑을 열고 버린다.

14) 제모제(치오글라이콜릭애씨드를 함유한 제품에만 표시함)

가) 아래와 같은 사람(부위)에는 사용을 하지 않도록 한다.

  (1) 생리 전후, 산전 후, 병후의 환자

  (2) 상처, 얼굴, 부스럼, 짓무름, 습진, 기타의 염증이나 반점 또는 자극이 있는 피부

  (3) 유사 제품에서 이미 부작용이 나타난 경험이 있는 피부

  (4) 약한 피부나 남성의 수염 부위

나) 이 제품을 사용할 때에는 아래의 약이나 화장품을 사용하지 않아야 한다.

  (1) 땀 발생 억제제(Antiperspirant), 수렴로션(Astringent Lotion), 향수는 이 제품 사용 후 24시간 이후에 사용한다.

다) 홍반, 부종, 가려움, 피부염(알레르기, 발진), 중증의 화상 및 수포, 광과민반응 등과 같은 증상이 발생할 수 있으므로 이러한 경우에는 이 제품의 사용을 즉시 중지하고 의사나 약사와 상의한다.

라) 그 밖의 사용 시 주의사항

  (1) 사용 중에 따가운 느낌이나 불쾌감 또는 자극이 발생하는 경우 즉시 닦아내고 제거하여 찬물로 씻으며, 자극이나 불쾌감이 지속되면 의사나 약사와 상의한다.

  (2) 자극감 발생 가능성이 있으므로 매일 사용은 하지 않는다.

  (3) 이 제품을 사용하기 전과 사용한 후에 비누류를 사용할 경우 자극감이 발생할 수 있으므로 주의한다.

  (4) 이 제품은 외용으로만 사용한다.

  (5) 눈에 들어가지 않도록 주의하며 눈이나 점막 등에 닿았을 경우에는 미지근한 물로 씻고 붕산수(농도 약 2%)로 헹군다.

  (6) 이 제품을 10분 이상 동안 피부에 방치해 두거나 피부에서 건조시키지 않는다.

  (7) 제모에 필요한 시간은 모질(毛質)에 따라 차이를 보일 수 있으므로 정해

진 시간 동안 모가 깨끗하게 제거되지 않은 경우에는 2~3일의 간격을 두고 사용한다.

15) 그밖에 화장품의 안전 정보와 관련하여 기재·표시하도록 식품의약품안전처장이 정하여 고시하는 사용 시의 주의사항

(3) 주요국 화장품 유형

미국	- 13개 유형 - 미국 FDA에서 권장사항으로 운영하고 있는 화장품 제품의 자발적 등록 시 사용
유럽	- 22개 유형 - 유럽집행위원회에 제품 신고 시 사용
일본	- 기존의 유형 구분 2000년에 폐지 - 화장품의 효능 범위에 대해서만 규정
중국	- 특수 용도 화장품에 대해서만 유형을 정함 - 일반화장품의 경우 특별히 유형을 구분하지는 않음

4) 맞춤형화장품의 정의

맞춤형화장품은 개개인의 개성이 존중되는 시대로 점차 변함에 따라 화장품 업계에서도 다양한 고객의 요구와 기대를 충족시키기 위하여 개인 맞춤형 제품 생산 시대로 변화하였고, 이에 따라 맞춤형화장품 제도를 도입하기에 이르렀다. 2018년 3월 개정된 화장품법에 맞춤형화장품판매업 제도가 도입이 되었고 2020년 3월 14일 처음으로 맞춤형화장품판매업 제도가 시행되었다.

(1) 맞춤형화장품의 정의

가. 제조 또는 수입된 화장품의 내용물에 다른 화장품의 내용물이나 식품의약품안전처장이 정하는 원료를 추가하여 혼합한 화장품

나. 제조 또는 수입된 화장품의 내용물을 소분(小分)한 화장품

5) 천연·유기농화장품

　천연·유기농화장품이라는 용어는 식품의약품안전처 고시 「천연화장품 및 유기농화장품의 기준에 관한 규정」에 부합해야만 천연·유기농화장품으로 표시·광고가 가능하다.

동식물 및 그 유래 원료 등을 함유한 화장품으로서 식품의약품안전처장이 정하는 기준에 맞는 화장품

유기농 원료, 동식물 및 그 유래 원료 등을 함유한 화장품으로서 식품의약품안전처장이 정하는 기준에 맞는 화장품

6) 화장품 영업의 정의

화장품 제조업	화장품 책임판매업	맞춤형화장품판매업
화장품의 전부를 제조 또는 일부를 제조(2차 포장이나 표시만의 공정은 제외)하는 영업	취급하는 화장품의 품질 및 안전 등을 관리하면서 이를 유통·판매하거나 수입 대행형 거래를 목적으로 알선·수여하는 영업	맞춤형화장품 판매 영업 (2020. 3. 14부터 시행)

화장품 제조 위생관리

화장품 품질관리

CHAPTER 2

화장품 제조 위생관리

식품의약품안전청 고시 「우수화장품 제조 및 품질관리 기준」의 제3절제18조 위생관리 내용은 다음과 같다.

① 위생적 제조관리를 위한 문서화된 절차를 수립하고 유지하여야 한다.
② 작업소의 건물, 시설 및 기구는 항상 청결을 유지한다.
③ 불결한 장소와 분리되어 작업소가 위생적인 상태로 유지되어야 하며 쥐·해충 등을 막을 수 있는 시설이 있어야 한다.
④ 작업원은 개인위생에 관련되는 정해진 지침에 따라야 하며, 작업 방법에 대한 지시에 따라야 한다.
⑤ 오염이 발생될 수 있는 원인을 명확히 하고 제품의 오염을 방지하기 위하여 제조·충전 및 포장 시설에 대한 그 설계 및 사용에 따라 청결히 하여야 한다.

화장품 제조업자는 제조 및 품질관리의 적합성을 보장하는 기본 요건들을 충족하고 있음을 보증하기 위하여 제품 표준서, 제조관리 기준서, 품질관리 기준서 및 제조 위생관리 기준서를 작성하고 보관하여야 한다.

[제조 위생관리 기준서]

1. 작성 목적

① 제조소의 환경 위생을 적절히 유지 및 관리
② 제조 설비의 청결을 유지
③ 작업실 내에서의 개인위생 및 청결을 유지
④ 제조 위생에 관한 기준을 규정
⑤ 화장품 GMP에 적합한 제조 위생을 유지 및 관리

2. 적용 범위

작업실, 공정검사실, 작업원, 제조 시설 등 제조 위생에 영향을 주는 인적, 물적인 모든 관련된 사항에 적용된다.

3. 용어의 정의

① 전실
청정등급이 다른 두 개의 작업실 사이에 설치된 공간을 말하며 사람의 출입 또는 물품의 반·출입 시 이들 두 개의 작업실의 공기 흐름을 제어하기 위한 공간을 말한다.

② 청정구역
부유 입자 및 미생물의 발생, 침투 또는 체류하는 것을 통제하여 일정 수준 이하를 유지하도록 관리하는 구역을 말한다.

③ 청정등급

청정구역의 관리 수준을 정한 등급을 말한다.

④ 책임과 권한

제조 위생관리를 원활히 수행하기 위하여 작업실별로 제조 위생관리 담당자를 두어야 한다. 제조 위생관리 담당자는 각 작업실별로 제조 위생관리 관련 기록서를 비치하여야 하고 작업실의 청소, 환경 유지, 개인위생이 규정대로 이행되는지를 점검하여야 한다.

4. 내용

① 작업원의 건강 상태 및 건강관리의 파악·조치 방법
② 작업원의 소독 방법, 수세 등 위생에 대한 사항
③ 작업 복장의 규격과 세탁 방법 및 착용에 대한 규정
④ 작업실 등의 청소(필요한 경우 소독을 포함한다. 이하 같다) 방법 및 청소 주기
⑤ 청소 상태의 평가 방법
⑥ 제조 시설의 세척 및 평가
　가. 책임자 지정
　나. 세척 및 소독 계획
　다. 세척 방법과 세척에 사용되는 약품 및 기구
　라. 제조 시설의 분해 및 조립 방법
　마. 이전 작업 표시 제거 방법
　바. 청소 상태 유지 방법
　사. 작업 전 청소 상태 확인 방법
⑦ 해충, 곤충이나 쥐를 막는 방법과 점검 주기
⑧ 그 외에 필요한 사항

2.1 작업원의 위생

① 청정구역과 작업의 종류에 따라 규정된 작업복, 신발, 모자, 마스크 등을 착용해야 한다.
② 신규 작업원, 재직 중인 작업원 모두 정기적으로 건강진단을 받아 질병의 유무를 점검해야 한다.
③ 품질에 영향을 미치는 작업원은 화장품과 직접 접촉하는 작업에 참여하여서는 안 된다.

2.2 작업소의 위생관리

① 오염과 혼동을 방지하기 위하여 정리정돈을 하고 청소를 하여 청결을 유지해야 한다.
② 작업소의 청소는 청소 주기, 청소 방법 및 확인 방법에 대한 규정을 따른다.
③ 청정구역은 청정등급에 맞는 청정도가 유지되도록 관리하고 정기적으로 점검해야 한다.
④ 작업소 및 보관소에 음식물을 반입하거나 흡연을 하여서는 안 된다.
⑤ 해충 또는 쥐를 막을 대책을 마련하고 정기적으로 확인 및 점검하여야 한다.

2.3 제조 설비의 세척

　제조 설비의 세척에 사용하는 세제 또는 소독제는 잔류하거나 적용하는 표면에 이상을 초래하지 않아야 하며 세척을 마친 제조 설비는 다음번 사용 시까지 오염되지 않게 유지 관리하여야 한다.

2.4 제조 위생관리 책임자 및 담당자

제조관리 책임자와 제조 위생관리 책임자는 겸임이 가능하며 각 실별로 제조 위생관리 담당자를 두어야 한다.

2.5 제조 위생관리 기록서

제조 위생관리 기록서는 작업실별로 비치하도록 해야 하며 각 작업실의 청소 상태, 환경 유지, 개인위생 상태를 매일 점검한다.

2.6 청정도 관리

작업소에 따라 청정도를 4개의 등급으로 설정하여 정기적인 모니터링을 통해 설정 등급을 벗어나지 않도록 관리하여야 한다.

[작업소의 청정도 구분]

항목	청정도			
	1급	2급	3급	4급
분류기준	청정도 엄격관리	화장품 내용물이 노출되는 작업실	화장품 내용물이 노출되지 않는 곳	일반 작업실
해당 작업실	미생물 실험실	제조실, 검체 채취실, 원료 칭량실, 반제품 조제실, 충진실	원료 보관소, 포장실, 세척실, 복도, 갱의실, 기계대기소, 자재대기소	품질관리 실험실, 자재 보관서, 비품 보관소, 완제품 보관소

구조 조건	클린 벤치, 헤파 필터, 소독시설, UV등 설치	Pre-filter, Med-filter, 수세-소독 시설, 국소 배기 시설	Pre-filter, 환기시설, 수세-소독시설, 방서·방충 설비	환기(온도조절)
공기 순환	시간당 20회 이상	시간당 10회 이상	-	-
관리 기준	낙하균 10개/h 또는 부유균 20 개/㎥	낙하균 30개/h 또는 부유균 200 개/㎥	옷 갈아입기, 포장재의 외부 청소 후 반입	-
작업 복장	작업복, 작업모, 작업화	작업복, 작업모, 작업화	작업복, 작업모, 작업화	-
색표시	적색	녹색	황색	백색

[청정도 기준 예외 작업실]

복도	이동 통로로 활용되는 긴 공간으로 온도(습도) 확인이 부정확하여 예외 지역으로 지정, 운영함
전실	서로 다른 급지를 이어주는 공간인 전실은 별도의 온도(습도)관리가 필요하지 않는 작업실로 예외 지역으로 운영함
세척실	작업실의 특성상 세척 시 발생되는 열과 습기에 의해 온도(습도) 및 차압의 관리가 어려운 작업실이므로 예외 지역으로 지정·운영함

[청정도 항목별 측정 주기]

	온도, 습도	환기 횟수	필터 점검	낙하균	표면균
1급	매일	1년에 1회	1년에 2회 (8,000시간)	한 달에 1회	분기별 1회
2급	매일	1년에 1회	1년에 2회 (8,000시간)	한 달에 1회	분기별 1회
3급	매일	1년에 1회	1년에 1회	한 달에 1회 (예외지역 제외)	분기별 1회 (예외 지역 제외)

4급	-	-	-	분기별 1회 (3급지 예외지역 포 함)	-

2.7 출입자

작업소에 종사하는 사원 또는 작업소의 업무와 관련된 업무에 종사하는 사원이 출입이 가능하다.

2.8 출입 방법

① 옥외에서 일반 갱의실로 입실할 때에는 입구의 신발장에서 실내화로 갈아 신은 후 입실해야 한다.
② 일반 제조 작업장에 입실할 때에는 지정된 갱의실에서 규정된 복장과 위생 모자를 착용하고, 수세한 후 입실해야 한다.
③ 화장실을 출입한 후에는 반드시 수세한 후 작업실에 입실해야 한다.

2.9 출입자에 대한 기록

생산팀의 출입자 안내 담당자는 출입자에 대한 기록을 작성한 후 작성일로부터 1년간 보관하여야 한다. 작업소 출입자 기록서 관리 담당자는 월 1회 공장 책임자 에게 내용을 보고하여야 한다.

화장품 작업 및
개인 위생관리

화장품 위생관리

CHAPTER

3

화장품 작업 및 개인 위생관리

3.1 개인 위생관리 기준

1) 목적

위생사항 및 작업장, 기계, 기구류의 기준을 준수하여 적절한 위생관리에 의한 우수한 화장품을 제조하기 위함이다.

2) 적용 범위

공장에 근무하는 모든 작업자가 해당

3) 개인 위생관리 및 점검

1. 항상 몸을 청결히 유지하여야 한다.
2. "작업 복장 관리"에 따라 복장(지정 작업복, 실내화, 모자, 필요 시 마스크 및 장갑)을 착용하여 피부가 직접 제품에 닿지 않도록 하여야 한다.

3. 손톱은 항상 짧게 자른 상태로 유지한다.

4. "작업원 수세소독 관리"에 따라 작업 전에 반드시 손을 씻고 air towel을 사용하며 작업장 출입 시마다 소독을 실시한다.

5. 사물은 반드시 개인 사물함에 보관하여 작업실 내로 들고 가지 않는다.

6. 작업 중에는 휴대 용품의 착용 및 휴대를 금한다.

7. 작업실 내에서는 제조 작업에 직접 관계가 없는 행위를 금한다.

8. 작업장 내에서는 연필이나 지우개 사용을 금한다.

9. 작업장, 바닥, 벽, 싱크대, 쓰레기통 등에 침을 뱉어서는 안 된다.

10. 작업실에 들어가기 전에 과도한 화장, 매니큐어, 마스카라 등은 지우고 들어간다.

11. 소음이 심한 작업실에서는 귀마개를 사용한다.

12. 2차 갱의가 필요한 작업실에서는 무진복을 착용한다.

13. 각 작업실 책임자는 작업원이 작업실에 들어가기 전에 개인 복장 및 위생 상태를 점검하고 기록하여야 한다.

4) 제조 위생관리 기준서

제조 위생관리 기준서는 다음 각 호의 사항이 포함되어야 한다.

1. 작업원의 건강 상태 및 건강관리의 파악·조치 방법

2. 작업원의 소독 방법, 수세 등 위생에 대한 사항

3. 작업 복장의 규격과 세탁 방법 및 착용 규정

4. 작업실 등의 청소(필요한 경우 소독을 포함한다. 이하 같다) 방법 및 청소 주기

5. 청소 상태의 평가 방법

6. 제조 시설의 세척 및 평가

　가. 책임자 지정

　나. 세척 및 소독 계획

　다. 세척 방법과 세척에 사용되는 약품 및 기구

라. 제조 시설의 분해 및 조립 방법

마. 이전 작업 표시 제거 방법

바. 청소 상태 유지 방법

사. 작업 전 청소 상태 확인 방법

7. 곤충, 해충이나 쥐를 막는 방법 및 점검 주기

8. 그밖에 필요한 사항

5) 작업 중 위생에 관한 주의사항

1. 모든 출입자는 작업실에 출입할 때에 규정된 복장을 착용하여야 한다.

2. 작업원은 자신의 안전위생을 위하여 또는 제품 오염 방지를 위하여 지정된 보호구를 착용해야 한다.

3. 작업 기록 용지 및 필기구 등은 소정의 장소에서만 사용하여야 한다.

4. 작업실 내에서는 화재 등 긴급사항의 발생 이외에는 뛰어다녀서는 안 된다.

3.2 수세 소독관리 규정

1) 목적

작업원의 수세 소독에 관한 규정을 수립하고 실천하여 제조하는 화장품의 오염을 방지하는 것을 목적으로 한다.

2) 수세 소독 실시 요령

1. 각 수세 장소별로 세척제 및 소독제의 종류와 농도를 맞추어 비치하여야 한다.

2. 수세 시기, 소독제 교체 시기 등을 정하여 이에 따라 실시하여야 한다.

3. 제조 위생관리 책임자는 팀 내의 제조 위생관리 담당자를 수세 장소의 관리
   담당자로 지정해야 한다.
4. 화장실 등 공용의 수세 장소는 생산팀에서 담당자를 지정하여 관리하여야 한다.

3.3 청소 및 소독관리 규정

1) 목적

작업장의 청소 및 소독 방법을 정하여 제품의 품질을 보증하는 것에 그 목적이
있다.

2) 작업장의 범위

- 화장품의 각 제조 작업실
- 원료, 자재, 반제품, 완제품 보관소
- 작업 중 이용하는 시설, 통로 등

3) 청소 주기

1. 일일 청소(작업 전, 제품 변경 시, 일일 작업 완료 후)와 주말 대청소로 나누
   어 실시하여야 한다.
2. 공조 시설, 필터 등은 그 특성에 따라 별도의 기간을 정한다.
3. 작업대, 테이블, 저울 등은 매 작업 전 소독한다.
4. 작업소의 청소 주기는 '청소 장소 및 주기'에 준한다.
5. 작업소의 바닥 코팅 작업(표면 처리)은 분기별로 진행한다.

청소 장소	세부 장소 및 주기		
	바닥	벽, 천정	기계·기구
미생물 실험실	작업 전 제품 변경 시 일일 작업 완료 후	제품 변경 시	작업 전 제품 변경 시 일일 작업 완료 후
화장품과 직접 접촉하는 작업(충진실, 제조실, 칭량실 등)	작업 전 제품 변경 시 일일 작업 완료 후	주말 청소	작업 전 제품 변경 시 일일 작업 완료 후 수시 청소
화장품과 직접 접촉하지 않는 작업 (포장실, 세척실, 갱의실, 원료 보관소 등)	일일 작업 완료 후	주말 청소	일일 작업 완료 후
자재 보관소, 사무실, 연구소, QC 실험실 등	일일 작업 완료 후 복도 1일 1회 이상	격주 1회	해당 없음
바닥 코팅 작업 (표면처리) *PVC 바닥 작업장에 한함	작업 후 분기 4회 진행	해당 없음	해당 없음

4) 청소 방법

1. 청소 방법의 구체적인 순서를 정하여 청소 및 소독을 실시한다.
2. 작업실은 규정된 소독액과 도구를 사용하여 규정된 방법으로 청소한다.
3. 각각에 관한 세부 사항은 표준 청소 방법서를 참조하여 실시한다.

5) 청소에 사용하는 약품 및 도구

1. 모든 약품 및 도구는 일정한 보관 장소를 정하여 보관해야 한다.
2. 제조 위생관리 책임자는 세척제 및 소독제의 구입, 사용, 보관을 총괄하여 관리하여야 한다.

6) 청소 담당자

1. 각 작업장별로 청소 담당자를 정하여야 한다.
2. 제조 위생관리 기록서 또는 청소 점검 기록서에 청소 작업의 결과를 기록 및 작성하고, 제조 위생관리 책임자에게 보고하여야 한다.

7) 표준 청소 방법서의 작성 및 기록의 보존

제조 위생관리 책임자는 표준 청소 방법서를 작성하여 운영하여야 하며 방법의 개선이나 변경이 있을 때에는 변경이 가능하다. 청소 결과는 기록하여야 하고 평가 내용을 작성하여 보관하여야 한다. 청소 및 소독의 평가는 "청소 상태 평가 방법" 지침서에 따르고 보존 기간은 2년으로 한다.

3.4 작업 복장 관리 규정

1) 목적

작업장의 환경위생을 청결히 유지하고 각 작업장에 적합한 작업 복장의 규정을 수립하는 데에 그 목적이 있다.

2) 작업 복장의 종류 및 기준

종류	재질	색상	착용 형태	착용 부서	교체 빈도
무진복	도전성 섬유 또는 폴리에스텔	청색	상·하의 분리	화장품 제조	주 2회 이상
작업복	폴리에스텔+면	베이지색	상·하의	전 종업원	주 1회 이상

덧옷	폴리에스텔+면	군청색	상의	외부 작업자	월 1회 이상
작업복 (백색가운)	데이크론	흰색	상의 무릎 위 선 까지	외부 손님	격주 1회 이상
실험복 (백색가운)	폴리에스텔+면	흰색	상의 무릎 위 선 까지	미생물 시험 담당자	주 1회 이상
작업모	도전성 섬유 또는 폴리에스텔	흰색	-	전 종업원	주 1회 이상

3) 복장관리

1. 작업 복장의 구입, 관리, 폐기에 관한 사항은 총괄적으로 관리팀에서 관리하여 생산팀장은 해당 기준을 준수해야 한다.
2. 작업복은 1인당 2벌을 기준으로 하며, 적절한 시기에 교체 및 갈아입을 수 있도록 하여야 한다. 단, 오염이 심할 때에는 원칙과 관계없이 즉시 새것으로 갈아입는다.

CHAPTER

4

화장품 작업소 청정도 평가 및 관리

화장품 위생관리

CHAPTER
4

화장품 작업소 청정도 평가 및 관리

4.1 청정도 평가

1) 목적

청결 상태의 평가 방법을 설정하여 제품의 오염 원인을 사전에 방지하는 것에 그 목적이 있다.

2) 적용 범위

평가 방법	적용 범위
육안 평가 및 표면균 Test	시설 및 기구
낙하균 Test	청정도 기준표상의 청정도 1,2,3 구역
최종 세정제의 청결도 측정	기계 및 기구

3) 검체 채취 및 시험 의뢰

1. 낙하균과 표면균을 측정하며 측정 주기별로 품질관리팀 미생물 담당자가 수행한다.
2. 온도, 습도, 양압, 환기 횟수, 작업원 개인위생, 청소 상태를 점검하며 품질관리팀 공정관리 담당자 및 제조 위생관리 책임자가 담당한다.
3. 품질관리팀 미생물 담당자는 의뢰받은 검체를 배양 후 관찰 결과를 기록하고 품질보증 책임자의 결재를 득한 후 해당 팀에 송부한다.
4. 각 작업장 시설 및 기구별 표준 청소 방법서에 준해 청소가 완료되었는가를 확인하고 적부를 판정한다.
    - 외관은 청결하며, 필요시 비닐 등으로 적절히 보호되어 있는가?
    - 기계 내부 및 모서리에 분진 등 직전 작업의 이물은 잔류하지 않는가?
    - 청결한 킴와이프스로 2-3회 문질렀을 때 더러워지지는 않는가?
    - 세척용 용액이나 분말 등이 잔류하지는 않는가?
    - 세척자가 세척 직전의 작업 내용을 파악하고 있는가?
5. 최종 세정제의 청정도(오염도)를 측정한다.

시료 채취	필요시 표준 청소 방법서에 따라 청소한 최종 세정액 100~500ml를 채취하여 미생물시험 및 잔류 성분 시험을 지시한다.
시험 의뢰 및 결과 회신	채취한 시료와 청정도 시험결과 기록서를 품질관리팀에 의뢰한 뒤, 결과를 해당 팀에 송부한다.

분 류	미생물 오염도 시험	잔류성분시험
시험 방법	자사 표면균 시험법에 따름	최종 세정액을 시료로 하여 표준액과 시료의 잔류 성분을 UV-Vis Spectrophotometer로 평가
기준	자사 표면균 미생물 시험 기준에 따름	최종 헹굼액의 UV 흡광도는 0.1%. 제품용액 및 0.1% 세정용액의 흡광도보다 작아야 한다.

4) 결과 판정 및 조치사항

　품질보증 책임자는 시험 결과를 청정도 분류 기준에 의거하여 검토하고 전 사항에 이상이 없을 경우 합격을 판정한다. 어느 항목이라도 이상이 있는 경우는 조치를 취한다.

5) 이상 시 조치사항

미생물시험 담당자	- 대상 구역에 대해 미생물 시험 항목별로 주기적으로 측정을 실시한다. - 작업장 오염도 관리 기록서에 결과를 기록하여 품질보증 책임자의 결재를 득한다.
품질보증 책임자	- 시험 결과를 신속히 제조 위생관리 책임자 에게 통보한다.
제품시험 담당자	- 각 실 담당자에게 필요한 조치를 취하도록 지시한다. - 조치 사항을 작업장 오염도 관리 기록서에 기재한 후 품질보증 책임자에게 통보한다.
작업실 환경에 대한 미생물 오염이 의심되는 때에는 항상 시험의뢰를 실시한다.	

4.2 방서·방충 관리

1) 목적

　지속적인 방제와 관리를 통하여 제조소의 위생 및 환경오염을 방지하는 데 그 목적이 있다.

2) 적용 범위

　방서와 방충관리의 적용 범위는 옥내뿐만 아니라 옥외까지도 해당된다.

3) 용어의 정의

- 방서 : 쥐를 구제하여 환경오염을 방지하는 것을 말한다.
- 방충 : 모기, 파리, 하루살이, 바퀴벌레 등의 위생해충을 구제하여 환경오염을 방지하는 것을 말한다.

4) 방서 예방 시설

1. 밀폐되지 않은 곳에는 쥐가 들어오지 못하도록 방서망 등 필요한 시설을 갖추어야 한다.
2. 건물 외부로 통하는 출입문은 항상 닫혀 있도록 하여야 한다.
3. 각종 싱크대 및 하수구는 사용하지 않을 경우 뚜껑을 덮어야 한다.

5) 방충 예방 시설

1. 공장의 전 건물은 위생해충의 침입을 막기 위해 적절한 방충 설비를 설치하여야 한다.
2. 외부와 통하여진 창문에는 방충망을 설치하여야 한다.
3. 공장 내부에는 포충망 등을 설치한다.

6) 방서·방충 관리

1. 방서·방충 담당자는 지정한 자로 한다.
2. 각 실 관리자는 쥐가 발견되었을 경우 즉시 방서 담당자에게 신고하여야 한다.
3. 방서·방충 설비의 이상 유무를 주기적으로 확인하여야 하며, 보완하여야 할 곳은 즉시 조치를 취해야 한다.

7) 기록

1. 살서제 및 살충제 투약 시 기록서를 작성한다.
2. 방제 전문업체로부터 방제를 실시할 경우 확인서 빛 소독 필증을 인수받아 보관하여야 한다.
3. 기록의 보존은 2년으로 한다.

8) 방서·방충 관리 체계

현상 파악 ➡ 제조시설의 방충체계 확립 ➡ 방충체제 유지 ➡ 모니터링 ➡ 현상파악

건물과 시설관리

CHAPTER
5

건물과 시설관리

5.1 건물

1) 건물은 아래와 같이 위치나 설계, 건축 및 이용되어야 한다.

  1. 제품이 보호되도록 할 것

  2. 청소가 용이하도록 하고 필요한 경우 위생관리 및 유지관리가 가능하도록 할 것

  3. 제품, 원료 및 포장재 등의 혼동이 없도록 할 것

2) 건물은 제품의 제형, 현재 상황 및 청소 등을 고려하여 설계하여야 한다.

5.2 화장품 생산 시설

　화장품을 생산하는 기기와 설비가 들어 있는 건물, 건물 내의 통로, 작업실, 손을 씻는 시설, 갱의실 등을 포함하여 완제품, 원료, 포장재, 기기, 설비를 외부와 주변의 환경 변화로부터 보호하는 것이다. 화장품 생산에 적합하며, 직원이 위생적이고 안전하게 작업에 종사할 수 있도록 하는 시설이 갖추어져야 한다. 화장품 생산 시설은 화장품의 종류, 화장품의 양, 화장품의 품질 등에 따라 변화하므로 각각의 제조업자는 화장품 관련 법령과 해설서 등을 참고하여 업체 특성에 맞추어 적합한 제조 시설을 설계 및 건축해야 한다.

5.3 화장품 제조업자가 갖추어야 하는 시설

　1. 제조 작업을 하는 다음 각 목의 시설을 갖춘 작업소
　가. 쥐·해충 및 먼지 등을 막을 수 있는 시설
　나. 작업대 등 제조에 필요한 시설 및 기구
　다. 가루가 날리는 작업실은 가루를 제거하는 시설
　2. 원료·자재 및 제품을 보관하는 보관소
　3. 원료·자재 및 제품의 품질검사를 위하여 필요한 시험실
　4. 품질검사에 필요한 시설 및 기구

　시설의 설계는 물 동선과 인 동선의 흐름을 고려하고 유지관리와 청소가 용이하여야 한다. 또한, 제품의 이동, 제품의 취급, 제품의 보관 그리고 원료와 자재의 보관이 용이하도록 하여야 한다. 배치(layout)는 교차오염을 예방하고 인위적인 과오를 줄여 제품의 위생과 안전을 향상시킬 수 있어야 한다. 배치(layout)에 대한 결정은 반드시 생산되는 화장품의 유형과 현재의 상황, 그리고 청소 방법 등을

모두 고려하여야 한다.

시설은 이물이나 미생물 또는 다른 외부로부터의 문제에서 원료, 벌크제품 및 완제품, 자재 등을 보호하기 위하여 설계, 위치, 유지하여야 한다. 이는 아래의 사항에 의해 가능하다.

- 수령, 저장, 혼합, 충전, 포장, 관리, 출하, 실험실의 작업 및 설비와 기구들의 청소, 위생 처리와 같은 작업들의 분리(벽, 위치, 공기 흐름, 칸막이 설치 등으로 분리)
- 청소나 위생 처리를 위한 물의 저장과 배송을 고려한 시설 및 설비 시스템들의 설계와 배치
- 해충을 방지하고 관리하기 위한 적절한 프로그램들을 규정
- 효과적인 유지 및 관리의 규정

5.4 일반 건물(General Building)

- 제조 공장의 출입구는 곤충이나 해충의 침입을 대비하기 위하여 보호되어야 하며 정기적인 모니터링이 되어야 한다. 모니터링 결과에 따라서 적절하게 조치를 취하여야 한다. (필요한 경우에는 방충 전문 회사에 의뢰하여 조치 및 진단을 받을 수 있다)
- 배수관은 냄새를 제거하고 적절한 배수의 확보를 위하여 건설 및 유지가 되어야 한다.
- 바닥은 먼지의 발생을 최소화하고 흘린 물질의 고임이 최소화되도록 하고, 청소가 용이하도록 설계되고 건설되어야 한다.
- 화장품의 제조에 적합한 물 공급이 되어야 한다. (공정서와 화장품 원료규격 가이드라인에 나와 있는 정제수 기준 등에 적합하여야 하며, 정기적인 검사를 통해 적합한 물 사용 여부를 확인하여야 한다)

- 강제적 기계상의 환기 시스템(공기 조화 장치)은 제품이나 사람의 안전에 해로운 오염물질의 이동이 최소화되도록 설계되어야 한다. 필터는 점검 기준에 따라서 정기(수시)로 점검하며 교체 기준에 따라서 교체되어야 하며 점검 및 교체에 대해서는 기록이 되어야 한다.
- 안전과 관리를 위해 모든 공정과 포장, 그리고 보관 지역에 적절한 조명 설치가 필요하다.
- 심한 온도 변화나 큰 상대 습도 변화에 따른 제품의 노출을 피하기 위해 자재, 원료, 완제품, 반제품을 깨끗하고 정돈된 곳에 보관한다. 보관 지역의 습기와 온도는 물질과 제품의 손상 방지를 위하여 모니터링해야 한다.
- 기구와 물질은 용이한 관리를 위하여 깨끗하고 정돈된 방법을 통하여 설계된 영역에 보관하여야 한다.

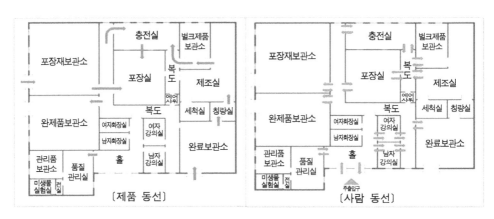

[제조소 평면도의 예시]

*출처: 식품의약품안전처 우수화장품 제조 및 품질관리기준 해설서

5.5 작업소의 조건

1. 제조하는 화장품의 종류·제형에 따라 적절히 구획·구분되어 있어 교차오염 우려가 없을 것
2. 바닥, 벽, 천장은 가능한 청소하기 쉽게 매끄러운 표면을 지니고 소독제 등의 부식성에 저항력이 있을 것
3. 환기가 잘 되고 청결할 것
4. 외부와 연결된 창문은 가능한 열리지 않도록 할 것
5. 작업소 내의 외관 표면은 가능한 매끄럽게 설계하고, 청소, 소독제의 부식성에 저항력이 있을 것
6. 수세실과 화장실은 접근이 쉬워야 하나 생산 구역과 분리되어 있을 것
7. 작업소 전체에 적절한 조명을 설치하고, 조명이 파손될 경우를 대비한 제품을 보호할 수 있는 처리 절차를 마련할 것
8. 제품의 오염을 방지하고 적절한 온도 및 습도를 유지할 수 있는 공기 조화 시설 등 적절한 환기 시설을 갖출 것
9. 각 제조 구역별 청소 및 위생관리 절차에 따라 효능이 입증된 세척제 및 소독제를 사용할 것
10. 제품의 품질에 영향을 주지 않는 소모품을 사용할 것

5.6 제조 및 품질관리에 필요한 설비의 조건

1. 사용 목적에 적합하고, 청소가 가능하며, 필요한 경우 위생·유지 관리가 가능하여야 한다. 자동화 시스템을 도입한 경우도 또한 같다.
2. 사용하지 않는 연결 호스와 부속품은 청소 등 위생관리를 하며, 건조한 상태로 유지하고 먼지, 얼룩 또는 다른 오염으로부터 보호할 것

3. 설비 등은 제품의 오염을 방지하고 배수가 용이하도록 설계, 설치하며, 제품 및 청소 소독제와 화학 반응을 일으키지 않을 것
4. 설비 등의 위치는 원자재나 직원의 이동으로 인하여 제품의 품질에 영향을 주지 않도록 할 것
5. 용기는 먼지나 수분으로부터 내용물을 보호할 수 있을 것
6. 제품과 설비가 오염되지 않도록 배관 및 배수관을 설치하며, 배수관은 역류 되지 않아야 하고, 청결을 유지할 것
7. 천정 주위의 대들보, 파이프, 덕트 등은 가급적 노출되지 않도록 설계하고, 파이프는 받침대 등으로 고정하고 벽에 닿지 않게 하여 청소가 용이하도록 설계할 것
8. 시설 및 기구에 사용되는 소모품은 제품의 품질에 영향을 주지 않도록 할 것

1) 보관 구역

- 통로는 적절하게 설계되어야 한다.
- 통로는 사람과 물건이 이동하는 구역으로서 사람과 물건이 이동하는 데 있어서 불편함을 초래하여서는 안 되며 교차오염의 위험이 없어야 된다.
- 손상된 팔레트는 수거하여 수선하거나 폐기 처분한다.
- 바닥의 폐기물은 매일 치워야 한다.
- 해충이나 동물의 침입이 쉬운 환경은 개선을 하여야 한다.
- 용기(저장조 등)는 닫아서 깨끗하고 정돈된 방법으로 보관하여야 한다.

2) 원료 취급 구역

- 원료 보관소와 칭량실은 구획되어야 한다.
- 흘리거나 엎지르는 것을 방지하고 즉각 치우는 시스템과 절차들이 시행되어야 한다.

- 모든 드럼의 윗부분은 필요한 경우에는 이송 전에 또는 칭량 구역에서 개봉 전 검사를 수행하고 깨끗하게 하여야 한다.
- 바닥은 항상 깨끗하고 부스러기가 없는 상태로 유지하여야 한다.
- 원료의 용기들은 실제로 칭량하는 원료를 제외하고는 적합하게 뚜껑을 덮어야 한다.
- 원료의 포장이 훼손되었을 때는 봉인하거나 즉시 별도의 저장조에 보관한 후 품질상 처분을 결정을 내리기 위해 격리해 둔다.

3) 제조 구역

- 모든 호스는 필요시에 청소하거나 위생 처리를 한다. 청소를 한 후에는 호스가 완전히 비워져야 하고 건조가 되어야 한다. 호스는 바닥에 닿지 않도록 정리하여 정해진 지역에 보관한다.
- 모든 도구들과 이동이 가능한 기구들은 청소 후 또는 위생 처리 후에 정해진 지역에서 정돈 방법에 맞추어 보관한다.
- 제조 구역에서 흘린 것은 신속하게 청소한다.
- 탱크의 바깥 면들은 정기적인 청소가 되어야 한다.
- 모든 배관을 사용할 수 있도록 설계가 되어야 하며 우수한 정비 상태의 유지가 되어야 한다.
- 표면은 청소가 용이하도록 재료 질로 설계되어야 한다.
- 페인트칠이 된 지역은 우수한 정비 상태로 유지하여야 한다. 벗겨진 칠은 보수되어야 한다.
- 폐기물(예 : 개스킷, 여과지, 플라스틱 봉지, 폐기 가능한 도구들)은 주기적으로 버려야 하며 장기간 쌓아 두거나 모아 놓아서는 안 된다.
- 사용하지 않는 설비는 깨끗한 상태로 보관하여야 하고 주변의 오염으로부터 보호되어야 한다.

4) 포장 구역

- 포장 구역은 제품의 교차 오염 방지가 가능하도록 설계되어야 한다.
- 포장 구역은 설비의 팔레트나 포장 작업의 다른 재료들의 폐기물 또는 사용이 되지 않는 장치, 질서를 무너뜨리는 재료 등이 있어서는 안 된다.
- 구역의 설계는 사용하지 않는 부품이나 제품 또는 폐기물 제거가 쉬워야 한다.
- 폐기물 저장통은 필요에 따라서 위생 처리 및 청소되어야 한다.
- 사용을 하지 않는 기구들은 깨끗하게 보관되어야 한다.

5) 공정 시스템(Processing System)

- 제품의 오염을 방지해야 한다.
- 화학적인 반응이 있어서는 안 되고, 흡수성이 없어야 한다.
- 원료와 자재 등은 체계적인 공급과 출하가 이루어질 수 있도록 관리해야 한다. (선입선출)
- 정돈과 효율, 안전한 조작을 위해 충분한 공간이 제공되어야 한다.
- 벌크 제품과 닿는 부분이나 표면은 제품의 위생 처리와 제품의 청소가 용이해야 한다.
- 제품의 안정성이 고려되어야 한다.
- 설비의 위아래에 먼지의 퇴적을 최소화해야 한다.
- 라벨 표시를 확실하게 하여야 하며 적절한 문서 기록이 이루어져야 한다.

6) 포장 설비

제품의 공정, 제품의 안정성, 점도, 용기 재질 및 부품 설계, pH, 밀도 등과 같이 제품과 용기의 특성에 기초를 두어 고려하여야 하며 다음의 사항을 고려하여 설계되어야 한다. 설계되고 의도된 바에 따라서 지속적인 성능 보증을 위해 충분한 유지관리가 되어야 한다.

- 제품의 오염을 최소화한다.
- 제품에 첨가되거나 흡수되지 않아야 하며 화학반응을 일으키지 않아야 한다.
- 제품과 접촉되는 부위의 청소와 위생관리가 용이하게 만들어져야 한다.
- 효율적이고 안전한 조작을 위한 적절한 공간 제공이 되어야 한다.
- 제품과 최종 포장의 요건이 고려되어야 한다.
- 부품 또는 받침대의 바닥과 위에 오물이 고이는 것을 최소화한다.
- 물리적인 오염물질 축적이 육안으로 식별이 용이하여야 한다.
- 제품과 포장 변경이 용이하여야 한다.

공중위생관리법

공중위생관리법

제1조 [목적]

이 법은 공중이 이용하는 영업의 위생관리 등에 관한 사항을 규정함으로써 위생 수준을 향상시켜 국민의 건강 증진에 기여함을 목적으로 한다. (개정 2016. 2. 3)

제2조 [정의]

① 이 법에서 사용하는 용어의 정의는 다음과 같다. (개정 2005. 3. 31., 2016. 2. 3., 2019. 12. 3.)

1. "공중위생영업"이라 함은 다수인을 대상으로 위생관리 서비스를 제공하는 영업으로서 숙박업·목욕장업·이용업·미용업·세탁업·건물위생관리업을 말한다.
2. "숙박업"이라 함은 손님이 잠을 자고 머물 수 있도록 시설 및 설비 등의 서비스를 제공하는 영업을 말한다. 다만, 농어촌에 소재하는 민박 등 대통령령이 정하는 경우를 제외한다.

3. "목욕장업"이라 함은 다음 각 목의 어느 하나에 해당하는 서비스를 손님에게 제공하는 영업을 말한다. 다만, 숙박업 영업소에 부설된 욕실 등 대통령령이 정하는 경우를 제외한다.

　가. 물로 목욕을 할 수 있는 시설 및 설비 등의 서비스

　나. 맥반석·황토·옥 등을 직접 또는 간접 가열하여 발생되는 열기 또는 원적외선 등을 이용하여 땀을 낼 수 있는 시설 및 설비 등의 서비스

4. "이용업"이라 함은 손님의 머리카락 또는 수염을 깎거나 다듬는 등의 방법으로 손님의 용모를 단정하게 하는 영업을 말한다.

5. "미용업"이라 함은 손님의 얼굴, 머리, 피부 및 손톱·발톱 등을 손질하여 손님의 외모를 아름답게 꾸미는 다음 각 목의 영업을 말한다.

　가. 일반 미용업 : 파마·머리카락 자르기·머리카락 모양내기·머리피부 손질·머리카락 염색·머리감기·의료기기나 의약품을 사용하지 아니하는 눈썹 손질을 하는 영업

　나. 피부 미용업 : 의료기기나 의약품을 사용하지 아니하는 피부 상태 분석·피부관리·제모(除毛)·눈썹 손질을 하는 영업

　다. 네일 미용업 : 손톱과 발톱을 손질·화장(化粧)하는 영업

　라. 화장·분장 미용업 : 얼굴 등 신체의 화장, 분장 및 의료기기나 의약품을 사용하지 아니하는 눈썹 손질을 하는 영업

　마. 그밖에 대통령령으로 정하는 세부 영업

　바. 종합 미용업 : 가목부터 마목까지의 업무를 모두 하는 영업

6. "세탁업"이라 함은 의류 기타 섬유제품이나 피혁제품 등을 세탁하는 영업을 말한다.

7. "건물위생관리업"이라 함은 공중이 이용하는 건축물·시설물 등의 청결 유지와 실내공기 정화를 위한 청소 등을 대행하는 영업을 말한다.

8. 삭제 (2015. 12. 22.)

② 제1항 제2호부터 제4호까지, 제6호 및 제7호의 영업은 대통령령이 정하는 바에 의하여 이를 세분할 수 있다. (개정 2005. 3. 31., 2019. 12. 3.)

제3조 [공중위생영업의 신고 및 폐업 신고]

① 공중위생영업을 하고자 하는 자는 공중위생영업의 종류별로 보건복지부령이 정하는 시설 및 설비를 갖추고 시장·군수·구청장(자치구의 구청장에 한한다. 이하 같다)에게 신고하여야 한다. 보건복지부령이 정하는 중요 사항을 변경하고자 하는 때에도 또한 같다. (개정 2008. 2. 29., 2010. 1. 18.)

② 제1항의 규정에 의하여 공중위생영업의 신고를 한 자(이하 "공중위생영업자"라 한다)는 공중위생영업을 폐업한 날부터 20일 이내에 시장·군수·구청장에게 신고하여야 한다. 다만, 제11조에 따른 영업 정지 등의 기간 중에는 폐업 신고를 할 수 없다. (신설 2005. 3. 31., 2016. 2. 3.)

③ 시장·군수·구청장은 공중위생영업자가 「부가가치세법」 제8조에 따라 관할 세무서장에게 폐업 신고를 하거나 관할 세무서장이 사업자 등록을 말소한 경우에는 신고 사항을 직권으로 말소할 수 있다. (신설 2016. 2. 3.)

④ 시장·군수·구청장은 제3항의 직권말소를 위하여 필요한 경우 관할 세무서장에게 공중위생영업자의 폐업 여부에 대한 정보 제공을 요청할 수 있다. 이 경우 요청을 받은 관할 세무서장은 「전자정부법」 제36조제1항에 따라 공중위생영업자의 폐업 여부에 대한 정보를 제공하여야 한다. (신설 2017. 12. 12.)

⑤ 제1항 및 제2항의 규정에 의한 신고의 방법 및 절차 등에 관하여 필요한 사항은 보건복지부령으로 정한다. (개정 2005. 3. 31., 2008. 2. 29., 2010. 1. 18., 2016. 2. 3., 2017. 12. 12.), (전문 개정 2002. 8. 26.), (제목 개정 2005. 3. 31.)

[제3조의2(공중위생영업의 승계)]

① 공중위생영업자가 그 공중위생영업을 양도하거나 사망한 때 또는 법인의 합병이 있는 때에는 그 양수인·상속인 또는 합병 후 존속하는 법인이나 합병에 의하여 설립되는 법인은 그 공중위생영업자의 지위를 승계한다. 〈개정 2005. 3. 31.〉

② 민사집행법에 의한 경매, 「채무자 회생 및 파산에 관한 법률」에 의한 환가나 국세징수법·관세법 또는 「지방세징수법」에 의한 압류 재산의 매각 그밖에 이에 준하는 절차에 따라 공중위생영업 관련시설 및 설비의 전부를 인수한 자는 이 법에 의한 그 공중위생영업자의 지위를 승계한다. 〈개정 2005. 3. 31., 2010. 3. 31., 2016. 12. 27.〉

③ 제1항 또는 제2항의 규정에 불구하고 이용업 또는 미용업의 경우에는 제6조의 규정에 의한 면허를 소지한 자에 한하여 공중위생영업자의 지위를 승계할 수 있다.

④ 제1항 또는 제2항의 규정에 의하여 공중위생영업자의 지위를 승계한 자는 1월 이내에 보건복지부령이 정하는 바에 따라 시장·군수 또는 구청장에게 신고하여야 한다. 〈개정 2008. 2. 29., 2010. 1. 18.〉, 〈본조 신설 2002. 8. 26.〉

제4조 [공중위생영업자의 위생관리 의무 등]

① 공중위생영업자는 그 이용자에게 건강상 위해 요인이 발생하지 아니하도록 영업 관련 시설 및 설비를 위생적이고 안전하게 관리하여야 한다.

② 목욕장업을 하는 자는 다음 각 호의 사항을 지켜야 한다. 이 경우 세부 기준은 보건복지부령으로 정한다. 〈개정 2005. 3. 31., 2008. 2. 29., 2010. 1. 18.〉

1. 제2조제1항제3호 가목의 서비스를 제공하는 경우 : 목욕장의 수질 기준 및 수질 검사 방법 등 수질관리에 관한 사항
2. 제2조제1항제3호 나목의 서비스를 제공하는 경우 : 위생 기준 등에 관한 사항

③ 이용업을 하는 자는 다음 각 호의 사항을 지켜야 한다. (개정 2008. 2. 29., 2008. 3. 28., 2010. 1. 18.)
 1. 이용 기구는 소독을 한 기구와 소독을 하지 아니한 기구로 분리하여 보관하고, 면도기는 1회용 면도날만을 손님 1인에 한하여 사용할 것. 이 경우 이용 기구의 소독 기준 및 방법은 보건복지부령으로 정한다.
 2. 이용사 면허증을 영업소 안에 게시할 것
 3. 이용업소 표시 등을 영업소 외부에 설치할 것

④ 미용업을 하는 자는 다음 각 호의 사항을 지켜야 한다. (개정 2008. 2. 29., 2010. 1. 18.)
 1. 의료 기구와 의약품을 사용하지 아니하는 순수한 화장 또는 피부미용을 할 것
 2. 미용 기구는 소독을 한 기구와 소독을 하지 아니한 기구로 분리하여 보관하고, 면도기는 1회용 면도날만을 손님 1인에 한하여 사용할 것. 이 경우 미용 기구의 소독 기준 및 방법은 보건복지부령으로 정한다.
 3. 미용사 면허증을 영업소 안에 게시할 것

⑤ 세탁업을 하는 자는 세제를 사용함에 있어서 국민건강에 유해한 물질이 발생되지 아니하도록 기계 및 설비를 안전하게 관리하여야 한다. 이 경우 유해한 물질이 발생되는 세제의 종류와 기계 및 설비의 안전관리에 관하여 필요한 사항은 보건복지부령으로 정한다. (개정 2008. 2. 29., 2010. 1. 18.)

⑥ 건물위생관리업을 하는 자는 사용 장비 또는 약제의 취급 시 인체의 건강에 해를 끼치지 아니하도록 위생적이고 안전하게 관리하여야 한다. (개정 2016. 2. 3.)

⑦ 제1항 내지 제6항의 규정에 의하여 공중위생영업자가 준수하여야 할 위생 관리 기준 기타 위생관리 서비스의 제공에 관하여 필요한 사항으로서 그 각 항에 규정된 사항 외의 사항 및 감염병 환자, 기타 함께 출입시켜서는 아니 되는 자의 범위와 목욕장 내에 둘 수 있는 종사자의 범위 등 건전한 영업 질 서 유지를 위하여 영업자가 준수하여야 할 사항은 보건복지부령으로 정한 다. (개정 2005. 3. 31., 2008. 2. 29., 2009. 12. 29., 2010. 1. 18.)

제5조 [공중위생영업자의 불법 카메라 설치 금지]

공중위생영업자는 영업소에 「성폭력 범죄의 처벌 등에 관한 특례법」 제14조제 1항에 위반되는 행위에 이용되는 카메라나 그밖에 이와 유사한 기능을 갖춘 기계 장치를 설치해서는 아니 된다. (본조 신설 2018. 12. 11.)

제6조 [이용사 및 미용사의 면허 등]

① 이용사 또는 미용사가 되고자 하는 자는 다음 각 호의 1에 해당하는 자로서 보건복지부령이 정하는 바에 의하여 시장·군수·구청장의 면허를 받아야 한다. (개정 2001. 1. 29., 2002. 1. 19., 2005. 3. 31., 2007. 12. 14., 2008. 2. 29., 2010. 1. 18., 2013. 3. 23., 2018. 12. 11., 2019. 12. 3.)

1. 전문대학 또는 이와 같은 수준 이상의 학력이 있다고 교육부 장관이 인정하 는 학교에서 이용 또는 미용에 관한 학과를 졸업한 자

1의2. 「학점인정 등에 관한 법률」 제8조에 따라 대학 또는 전문대학을 졸업한 자와 같은 수준 이상의 학력이 있는 것으로 인정되어 같은 법 제9조에 따라 이용 또는 미용에 관한 학위를 취득한 자

2. 고등학교 또는 이와 같은 수준의 학력이 있다고 교육부 장관이 인정하는 학 교에서 이용 또는 미용에 관한 학과를 졸업한 자

3. 초·중등교육법령에 따른 특성화고등학교, 고등기술학교나 고등학교 또는 고등기술학교에 준하는 각종 학교에서 1년 이상 이용 또는 미용에 관한 소 정의 과정을 이수한 자

4. 국가기술자격법에 의한 이용사 또는 미용사의 자격을 취득한 자

② 다음 각 호의 1에 해당하는 자는 이용사 또는 미용사의 면허를 받을 수 없다. (개정 2007. 12. 14., 2008. 2. 29., 2009. 12. 29., 2010. 1. 18., 2015. 12. 22., 2016. 2. 3., 2018. 12. 11.)

1. 피성년후견인
2. 「정신건강 증진 및 정신질환자 복지 서비스 지원에 관한 법률」 제3조제1호에 따른 정신질환자. 다만, 전문의가 이용사 또는 미용사로서 적합하다고 인정하는 사람은 그러하지 아니하다.
3. 공중의 위생에 영향을 미칠 수 있는 감염병환자로서 보건복지부령이 정하는 자
4. 마약 기타 대통령령으로 정하는 약물 중독자
5. 제7조제1항제2호, 제4호, 제6호 또는 제7호의 사유로 면허가 취소된 후 1년이 경과되지 아니한 자

③ 제1항에 따라 면허증을 발급받은 사람은 다른 사람에게 그 면허증을 빌려주어서는 아니 되고, 누구든지 그 면허증을 빌려서는 아니 된다. (신설 2020. 4. 7.)

④ 누구든지 제3항에 따라 금지된 행위를 알선하여서는 아니 된다. (신설 2020. 4. 7.)

[제6조의2(위생사의 면허 등)]

① 위생사가 되려는 사람은 다음 각 호의 어느 하나에 해당하는 사람으로서 위생사 국가시험에 합격한 후 보건복지부 장관의 면허를 받아야 한다. (개정 2018. 12. 11.)

1. 전문대학이나 이와 같은 수준 이상에 해당된다고 교육부 장관이 인정하는 학교(보건복지부 장관이 정하여 고시하는 인정 기준에 해당하는 외국의 학교를 포함한다. 이하 같다)에서 보건 또는 위생에 관한 교육과정을 이수한 사람

2. 「학점인정 등에 관한 법률」 제8조에 따라 전문대학을 졸업한 사람과 같은 수준 이상의 학력이 있는 것으로 인정되어 같은 법 제9조에 따라 보건 또는 위생에 관한 학위를 취득한 사람

3. 외국의 위생사 면허 또는 자격(보건복지부 장관이 정하여 고시하는 인정기준에 해당하는 면허 또는 자격을 말한다)을 가진 사람

② 제1항에 따른 위생사 국가시험은 매년 1회 이상 보건복지부 장관이 실시하며, 시험 과목·시험 방법·합격 기준과 그밖에 시험에 필요한 사항은 대통령령으로 정한다.

③ 보건복지부 장관은 위생사 국가시험의 실시에 관한 업무를 「한국보건의료인국가시험원법」에 따른 한국보건의료인국가시험원에 위탁할 수 있다.

④ 위생사 국가시험에서 대통령령으로 정하는 부정행위를 한 사람에 대하여는 그 시험을 정지시키거나 합격을 무효로 한다.

⑤ 제4항에 따라 시험이 정지되거나 합격이 무효가 된 사람은 해당 위생사 국가시험 후에 치러지는 위생사 국가시험에 2회 응시할 수 없다.

⑥ 보건복지부 장관은 위생사 면허를 부여하는 경우에는 보건복지부령으로 정하는 바에 따라 면허대장에 등록하고 면허증을 발급하여야 한다. 다만, 면허 발급 신청일 기준으로 제7항에 따른 결격 사유에 해당하는 사람에게는 면허 등록 및 면허증 발급을 하여서는 아니 된다. (개정 2019. 12. 3.)

⑦ 다음 각 호의 어느 하나에 해당하는 사람은 위생사 면허를 받을 수 없다. (개정 2018. 12. 11.)
1. 「정신건강 증진 및 정신질환자 복지 서비스 지원에 관한 법률」 제3조제1호

에 따른 정신질환자. 다만, 전문의가 위생사로서 적합하다고 인정하는 사람은 그러하지 아니하다.

2. 「마약류 관리에 관한 법률」에 따른 마약류 중독자

3. 이 법, 「감염병의 예방 및 관리에 관한 법률」, 「검역법」, 「식품위생법」, 「의료법」, 「약사법」, 「마약류 관리에 관한 법률」 또는 「보건범죄 단속에 관한 특별조치법」을 위반하여 금고 이상의 실형을 선고받고 그 집행이 끝나지 아니하거나 그 집행을 받지 아니하기로 확정되지 아니한 사람

⑧ 제6항에 따른 면허의 등록, 수수료 및 면허증에 필요한 사항은 보건복지부령으로 정한다.

⑨ 제6항에 따라 면허증을 발급받은 사람은 다른 사람에게 그 면허증을 빌려주어서는 아니 되고, 누구든지 그 면허증을 빌려서는 아니 된다. (신설 2020. 4. 7.)

⑩ 누구든지 제9항에 따라 금지된 행위를 알선하여서는 아니 된다. (신설 2020. 4. 7.),(본조 신설 2016. 2. 3.)

제7조 [이용사 및 미용사의 면허 취소 등]

① 시장·군수·구청장은 이용사 또는 미용사가 다음 각 호의 1에 해당하는 때에는 그 면허를 취소하거나 6월 이내의 기간을 정하여 그 면허의 정지를 명할 수 있다. 다만, 제1호, 제2호, 제4호, 제6호 또는 제7호에 해당하는 경우에는 그 면허를 취소하여야 한다. (개정 2005. 3. 31., 2016. 2. 3., 2018. 12. 11.)

1. 제6조제2항제1호

2. 제6조제2항제2호 내지 제4호에 해당하게 된 때

3. 면허증을 다른 사람에게 대여한 때

4. 「국가기술자격법」에 따라 자격이 취소된 때

5. 「국가기술자격법」에 따라 자격 정지 처분을 받은 때(「국가기술자격법」에 따른 자격 정지 처분 기간에 한정한다)

6. 이중으로 면허를 취득한 때(나중에 발급받은 면허를 말한다)

7. 면허 정지 처분을 받고도 그 정지 기간 중에 업무를 한 때

8. 「성매매 알선 등 행위의 처벌에 관한 법률」이나 「풍속영업의 규제에 관한 법률」을 위반하여 관계 행정기관의 장으로부터 그 사실을 통보받은 때

② 제1항의 규정에 의한 면허 취소ㆍ정지 처분의 세부적인 기준은 그 처분의 사유와 위반의 정도 등을 감안하여 보건복지부령으로 정한다. (개정 2008. 2. 29., 2010. 1. 18.)

[제7조의2(위생사 면허의 취소 등)]

① 보건복지부 장관은 위생사가 다음 각 호의 어느 하나에 해당하는 경우에는 그 면허를 취소한다.

1. 제6조의2제7항 각호의 어느 하나에 해당하게 된 경우

2. 면허증을 대여한 경우

② 위생사가 제1항제1호에 따라 면허가 취소된 후 그 처분의 원인이 된 사유가 소멸된 때에는 보건복지부 장관은 그 사람에 대하여 다시 면허를 부여할 수 있다. (본조 신설 2016. 2. 3.)

제8조 [이용사 및 미용사의 업무 범위 등]

① 제6조제1항의 규정에 의한 이용사 또는 미용사의 면허를 받은 자가 아니면 이용업 또는 미용업을 개설하거나 그 업무에 종사할 수 없다. 다만, 이용사 또는 미용사의 감독을 받아 이용 또는 미용 업무의 보조를 행하는 경우에는 그러하지 아니하다.

② 이용 및 미용의 업무는 영업소 외의 장소에서 행할 수 없다. 다만, 보건복지부령이 정하는 특별한 사유가 있는 경우에는 그러하지 아니하다. (개정 2008. 2. 29., 2010. 1. 18.)

③ 제1항의 규정에 의한 이용사 및 미용사의 업무 범위와 이용·미용의 업무보조 범위에 관하여 필요한 사항은 보건복지부령으로 정한다. (개정 2008. 2. 29., 2010. 1. 18., 2016. 2. 3.)

[제8조의2(위생사의 업무 범위)]

위생사의 업무 범위는 다음 각 호와 같다.
1. 공중위생영업소, 공중이용시설 및 위생용품의 위생관리
2. 음료수의 처리 및 위생관리
3. 쓰레기, 분뇨, 하수, 그 밖의 폐기물의 처리
4. 식품·식품첨가물과 이에 관련된 기구·용기 및 포장의 제조와 가공에 관한 위생관리
5. 유해 곤충·설치류 및 매개체 관리
6. 그밖에 보건위생에 영향을 미치는 것으로서 대통령령으로 정하는 업무
(본조 신설 2016. 2. 3.)

제9조 [보고 및 출입·검사]

① 특별시장·광역시장·도지사(이하 "시·도지사"라 한다) 또는 시장·군수·구청장은 공중위생관리상 필요하다고 인정하는 때에는 공중위생영업자에 대하여 필요한 보고를 하게 하거나 소속 공무원으로 하여금 영업소·사무소 등에 출입하여 공중위생영업자의 위생관리 의무이행 등에 대하여 검사하게 하거나 필요에 따라 공중위생영업장부나 서류를 열람하게 할 수 있다. (개정 2002. 8. 26., 2005. 3. 31., 2015. 12. 22.)

② 시·도지사 또는 시장·군수·구청장은 공중위생영업자의 영업소에 제5조에 따라 설치가 금지되는 카메라나 기계 장치가 설치되었는지를 검사할 수 있다. 이 경우 공중위생영업자는 특별한 사정이 없으면 검사에 따라야 한다. (신설 2018. 12. 11.)

③ 제2항의 경우에 시·도지사 또는 시장·군수·구청장은 관할 경찰관서의 장에게 협조를 요청할 수 있다. (신설 2018. 12. 11.)

④ 제2항의 경우에 시·도지사 또는 시장·군수·구청장은 영업소에 대하여 검사 결과에 대한 확인증을 발부할 수 있다. (신설 2018. 12. 11.)

⑤ 제1항 및 제2항의 경우에 관계 공무원은 그 권한을 표시하는 증표를 지녀야 하며, 관계인에게 이를 내보여야 한다. (개정 2018. 12. 11.)

⑥ 제1항 및 제2항의 규정을 적용함에 있어서 관광 진흥법 제4조제2항의 규정에 의하여 등록한 관광숙박업(이하 "관광숙박업"이라 한다)의 경우에는 해당 관광숙박업의 관할 행정기관의 장과 사전에 협의하여야 한다. 다만, 보건 위생관리상 위해 요인을 방지하기 위하여 긴급한 사유가 있는 경우에는 그러하지 아니하다. (개정 2018. 12. 11., 2019. 12. 3.)

[제9조의2(영업의 제한)]

시·도지사는 공익상 또는 선량한 풍속을 유지하기 위하여 필요하다고 인정하는 때에는 공중위생영업자 및 종사원에 대하여 영업 시간 및 영업 행위에 관한 필요한 제한을 할 수 있다. (본조 신설 2004. 1. 29.)

제10조 [위생지도 및 개선명령]

　시·도지사 또는 시장·군수·구청장은 다음 각 호의 어느 하나에 해당하는 자에 대하여 보건복지부령으로 정하는 바에 따라 기간을 정하여 그 개선을 명할 수 있다. (개정 2005. 3. 31., 2016. 2. 3.)

　　1. 제3조제1항의 규정에 의한 공중위생영업의 종류별 시설 및 설비기준을 위반한 공중위생영업자

　　2. 제4조의 규정에 의한 위생관리의무 등을 위반한 공중위생영업자

　　3. 삭제 (2015. 12. 22.)

(전문 개정 2002. 8. 26.)

제11조 [공중위생영업소의 폐쇄 등]

　① 시장·군수·구청장은 공중위생영업자가 다음 각 호의 어느 하나에 해당하면 6월 이내의 기간을 정하여 영업의 정지 또는 일부 시설의 사용 중지를 명하거나 영업소 폐쇄 등을 명할 수 있다. 다만, 관광숙박업의 경우에는 해당 관광숙박업의 관할 행정기관의 장과 미리 협의하여야 한다. (개정 2002. 8. 26., 2007. 5. 25., 2011. 9. 15., 2016. 2. 3., 2017. 12. 12., 2018. 12. 11., 2019. 12. 3.)

　1. 제3조제1항 전단에 따른 영업신고를 하지 아니하거나 시설과 설비기준을 위반한 경우

　2. 제3조제1항 후단에 따른 변경신고를 하지 아니한 경우

　3. 제3조의2제4항에 따른 지위승계신고를 하지 아니한 경우

　4. 제4조에 따른 공중위생영업자의 위생관리 의무 등을 지키지 아니한 경우

　4의2. 제5조를 위반하여 카메라나 기계 장치를 설치한 경우

　5. 제8조제2항을 위반하여 영업소 외의 장소에서 이용 또는 미용 업무를 한 경우

　6. 제9조에 따른 보고를 하지 아니하거나 거짓으로 보고한 경우 또는 관계 공무원의 출입, 검사 또는 공중위생영업 장부 또는 서류의 열람을 거부·방해하거나 기피한 경우

7. 제10조에 따른 개선명령을 이행하지 아니한 경우

8. 「성매매알선 등 행위의 처벌에 관한 법률」, 「풍속영업의 규제에 관한 법률」, 「청소년 보호법」, 「아동·청소년의 성보호에 관한 법률」 또는 「의료법」을 위반하여 관계 행정기관의 장으로부터 그 사실을 통보받은 경우

② 시장·군수·구청장은 제1항에 따른 영업정지 처분을 받고도 그 영업정지 기간에 영업을 한 경우에는 영업소 폐쇄를 명할 수 있다. (신설 2016. 2. 3.)

③ 시장·군수·구청장은 다음 각 호의 어느 하나에 해당하는 경우에는 영업소 폐쇄를 명할 수 있다. (신설 2016. 2. 3.)

1. 공중위생영업자가 정당한 사유 없이 6개월 이상 계속 휴업하는 경우

2. 공중위생영업자가 「부가가치세법」 제8조에 따라 관할 세무서장에게 폐업신고를 하거나 관할 세무서장이 사업자 등록을 말소한 경우

④ 제1항에 따른 행정 처분의 세부기준은 그 위반 행위의 유형과 위반 정도 등을 고려하여 보건복지부령으로 정한다. (개정 2016. 2. 3.)

⑤ 시장·군수·구청장은 공중위생영업자가 제1항의 규정에 의한 영업소 폐쇄명령을 받고도 계속하여 영업을 하는 때에는 관계 공무원으로 하여금 해당 영업소를 폐쇄하기 위하여 다음 각 호의 조치를 하게 할 수 있다. 제3조제1항 전단을 위반하여 신고를 하지 아니하고 공중위생영업을 하는 경우에도 또한 같다. (개정 2016. 2. 3., 2019. 12. 3.)

1. 해당 영업소의 간판 기타 영업 표지물의 제거

2. 해당 영업소가 위법한 영업소임을 알리는 게시물 등의 부착

3. 영업을 위하여 필수불가결한 기구 또는 시설물을 사용할 수 없게 하는 봉인

⑥ 시장·군수·구청장은 제5항제3호에 따른 봉인을 한 후 봉인을 계속할 필요

가 없다고 인정되는 때와 영업자 등이나 그 대리인이 해당 영업소를 폐쇄할 것을 약속하는 때 및 정당한 사유를 들어 봉인의 해제를 요청하는 때에는 그 봉인을 해제할 수 있다. 제5항제2호에 따른 게시물 등의 제거를 요청하는 경우에도 또한 같다. (개정 2016. 2. 3., 2019. 12. 3.)

[제11조의2(과징금 처분)]

① 시장·군수·구청장은 제11조제1항의 규정에 의한 영업정지가 이용자에게 심한 불편을 주거나 그밖에 공익을 해할 우려가 있는 경우에는 영업정지 처분에 갈음하여 1억 원 이하의 과징금을 부과할 수 있다. 다만, 제5조, 「성매매알선 등 행위의 처벌에 관한 법률」, 「아동·청소년의 성보호에 관한 법률」, 「풍속영업의 규제에 관한 법률」 제3조 각 호의 1 또는 이에 상응하는 위반행위로 인하여 처분을 받게 되는 경우를 제외한다. (개정 2016. 2. 3., 2017. 12. 12., 2018. 12. 11., 2019. 1. 15.)

② 제1항의 규정에 의한 과징금을 부과하는 위반 행위의 종별·정도 등에 따른 과징금의 금액 등에 관하여 필요한 사항은 대통령령으로 정한다.

③ 시장·군수·구청장은 제1항의 규정에 의한 과징금을 납부하여야 할 자가 납부 기한까지 이를 납부하지 아니한 경우에는 대통령령으로 정하는 바에 따라 제1항에 따른 과징금 부과 처분을 취소하고, 제11조제1항에 따른 영업정지 처분을 하거나 「지방행정제재·부과금의 징수 등에 관한 법률」에 따라 이를 징수한다. (개정 2013. 8. 6., 2016. 2. 3., 2020. 3. 24.)

④ 제1항 및 제3항의 규정에 의하여 시장·군수·구청장이 부과·징수한 과징금은 해당 시·군·구에 귀속된다. (개정 2019. 12. 3.)

⑤ 시장·군수·구청장은 과징금의 징수를 위하여 필요한 경우에는 다음 각호의 사항을 기재한 문서로 관할 세무관서의 장에게 과세 정보의 제공을 요청할 수 있다. (신설 2016. 2. 3.)

1. 납세자의 인적사항
2. 사용 목적
3. 과징금 부과기준이 되는 매출금액

(본조 신설 2002. 8. 26.)

[제11조의3(행정제재처분 효과의 승계)]

① 공중위생영업자가 그 영업을 양도하거나 사망한 때 또는 법인의 합병이 있는 때에는 종전의 영업자에 대하여 제11조제1항의 위반을 사유로 행한 행정제재처분의 효과는 그 처분 기간이 만료된 날부터 1년간 양수인·상속인 또는 합병 후 존속하는 법인에 승계된다.

② 공중위생영업자가 그 영업을 양도하거나 사망한 때 또는 법인의 합병이 있는 때에는 제11조제1항의 위반을 사유로 하여 종전의 영업자에 대하여 진행 중인 행정제재처분 절차를 양수인·상속인 또는 합병 후 존속하는 법인에 대하여 속행할 수 있다.

③ 제1항 및 제2항에도 불구하고 양수인이나 합병 후 존속하는 법인이 양수하거나 합병할 때에 그 처분 또는 위반 사실을 알지 못한 경우에는 그러하지 아니하다. (신설 2019. 12. 3.), (본조 신설 2002. 8. 26.)

[제11조의4(같은 종류의 영업금지)]

① 제5조, 「성매매알선 등 행위의 처벌에 관한 법률」·「아동·청소년의 성보호에 관한 법률」·「풍속영업의 규제에 관한 법률」 또는 「청소년 보호법」(이하 이 조에서 "「성매매알선 등 행위의 처벌에 관한 법률」 등"이라 한다)을 위반하여 제

11조제1항의 폐쇄 명령을 받은 자(법인인 경우에는 그 대표자를 포함한다. 이하 제2항에서 같다)는 그 폐쇄 명령을 받은 후 2년이 경과하지 아니한 때에는 같은 종류의 영업을 할 수 없다. (개정 2011. 9. 15., 2017. 12. 12., 2018. 12. 11.)

② 「성매매알선 등 행위의 처벌에 관한 법률」 등외의 법률을 위반하여 제11조제1항의 폐쇄 명령을 받은 자는 그 폐쇄 명령을 받은 후 1년이 경과하지 아니한 때에는 같은 종류의 영업을 할 수 없다.

③ 「성매매알선 등 행위의 처벌에 관한 법률」 등의 위반으로 제11조제1항에 따른 폐쇄 명령이 있은 후 1년이 경과하지 아니한 때에는 누구든지 그 폐쇄 명령이 이루어진 영업 장소에서 같은 종류의 영업을 할 수 없다.

④ 「성매매알선 등 행위의 처벌에 관한 법률」 등외의 법률의 위반으로 제11조제1항에 따른 폐쇄 명령이 있은 후 6개월이 경과하지 아니한 때에는 누구든지 그 폐쇄 명령이 이루어진 영업 장소에서 같은 종류의 영업을 할 수 없다.
(본조신설 2007. 5. 25.)

[제11조의5(이용업소 표시등의 사용 제한)]

누구든지 시·군·구에 이용업 신고를 하지 아니하고 이용업소 표시등을 설치할 수 없다.
(본조 신설 2008. 3. 28.)

[제11조의6(위반 사실 공표)]

시장·군수·구청장은 제7조, 제11조 또는 제11조의2에 따라 행정 처분이 확정된 공중위생영업자에 대한 처분 내용, 해당 영업소의 명칭 등 처분과 관련한 영업 정보를 대통령령으로 정하는 바에 따라 공표하여야 한다.
(본조 신설 2016. 2. 3.)

제12조 [청문]

　보건복지부 장관 또는 시장·군수·구청장은 다음 각 호의 어느 하나에 해당하는 처분을 하려면 청문을 하여야 한다.

　　1. 제3조제3항에 따른 신고 사항의 직권 말소

　　2. 제7조에 따른 이용사와 미용사의 면허 취소 또는 면허 정지

　　3. 제7조의2에 따른 위생사의 면허 취소

　　4. 제11조에 따른 영업정지 명령, 일부 시설의 사용 중지 명령 또는 영업소 폐쇄 명령

　(전문 개정 2016. 2. 3.)

제13조 [위생 서비스 수준의 평가]

　① 시·도지사는 공중위생영업소(관광숙박업의 경우를 제외한다. 이하 이 조에서 같다)의 위생관리 수준을 향상시키기 위하여 위생 서비스 평가계획(이하 "평가계획"이라 한다)을 수립하여 시장·군수·구청장에게 통보하여야 한다. (개정 2005. 3. 31.)

　② 시장·군수·구청장은 평가계획에 따라 관할지역별 세부 평가계획을 수립한 후 공중위생영업소의 위생 서비스 수준을 평가(이하 "위생 서비스 평가"라 한다)하여야 한다. (개정 2005. 3. 31.)

　③ 시장·군수·구청장은 위생 서비스 평가의 전문성을 높이기 위하여 필요하다고 인정하는 경우에는 관련 전문기관 및 단체로 하여금 위생 서비스 평가를 실시하게 할 수 있다. (개정 2005. 3. 31.)

　④ 제1항 내지 제3항의 규정에 의한 위생 서비스 평가의 주기·방법, 위생관리 등급의 기준 기타 평가에 관하여 필요한 사항은 보건복지부령으로 정한다. (개정 2008. 2. 29., 2010. 1. 18.)

제14조 [위생관리등급 공표 등]

① 시장·군수·구청장은 보건복지부령이 정하는 바에 의하여 위생 서비스 평가의 결과에 따른 위생관리 등급을 해당 공중위생영업자에게 통보하고 이를 공표하여야 한다. (개정 2005. 3. 31., 2008. 2. 29., 2010. 1. 18.)

② 공중위생영업자는 제1항의 규정에 의하여 시장·군수·구청장으로부터 통보받은 위생관리 등급의 표지를 영업소의 명칭과 함께 영업소의 출입구에 부착할 수 있다. (개정 2005. 3. 31.)

③ 시·도지사 또는 시장·군수·구청장은 위생 서비스 평가의 결과 위생 서비스의 수준이 우수하다고 인정되는 영업소에 대하여 포상을 실시할 수 있다. (개정 2005. 3. 31.)

④ 시·도지사 또는 시장·군수·구청장은 위생 서비스 평가의 결과에 따른 위생관리 등급별로 영업소에 대한 위생 감시를 실시하여야 한다. 이 경우 영업소에 대한 출입·검사와 위생 감시의 실시 주기 및 횟수 등 위생관리 등급별 위생 감시 기준은 보건복지부령으로 정한다. (개정 2005. 3. 31., 2008. 2. 29., 2010. 1. 18.)

제15조 [공중위생감시원]

① 제3조, 제3조의2, 제4조 또는 제8조 내지 제11조의 규정에 의한 관계 공무원의 업무를 행하게 하기 위하여 특별시·광역시·도 및 시·군·구(자치구에 한한다)에 공중위생감시원을 둔다. (개정 2005. 3. 31., 2015. 12. 22.)

② 제1항의 규정에 의한 공중위생감시원의 자격·임명·업무 범위 기타 필요한 사항은 대통령령으로 정한다.

[제15조의2(명예공중위생감시원)]

① 시·도지사는 공중위생의 관리를 위한 지도·계몽 등을 행하게 하기 위하여 명예공중위생감시원을 둘 수 있다. (개정 2005. 3. 31.)

② 제1항의 규정에 의한 명예공중위생감시원의 자격 및 위촉 방법, 업무 범위 등에 관하여 필요한 사항은 대통령령으로 정한다.
(본조 신설 2002. 8. 26.)

제16조 [공중위생 영업자 단체의 설립]

공중위생영업자는 공중위생과 국민보건의 향상을 기하고 그 영업의 건전한 발전을 도모하기 위하여 영업의 종류별로 전국적인 조직을 가지는 영업자 단체를 설립할 수 있다. '

제17조 [위생교육]

① 공중위생영업자는 매년 위생교육을 받아야 한다. (개정 2002. 8. 26., 2004. 1. 29.)

② 제3조제1항 전단의 규정에 의하여 신고를 하고자 하는 자는 미리 위생교육을 받아야 한다. 다만, 보건복지부령으로 정하는 부득이한 사유로 미리 교육을 받을 수 없는 경우에는 영업 개시 후 6개월 이내에 위생교육을 받을 수 있다. (개정 2002. 8. 26., 2008. 2. 29., 2010. 1. 18., 2016. 2. 3.)

③ 제1항 및 제2항의 규정에 따른 위생교육을 받아야 하는 자 중 영업에 직접 종사하지 아니하거나 2 이상의 장소에서 영업을 하는 자는 종업원 중 영업장별로 공중위생에 관한 책임자를 지정하고 그 책임자로 하여금 위생교육을 받게 하여야 한다. (신설 2006. 9. 27., 2008. 3. 28.)

④ 제1항부터 제3항까지의 규정에 따른 위생교육은 보건복지부 장관이 허가한 단체 또는 제16조에 따른 단체가 실시할 수 있다. (개정 2008. 3. 28., 2010. 1. 18.)

⑤ 제1항부터 제4항까지의 규정에 따른 위생교육의 방법·절차 등에 관하여 필요한 사항은 보건복지부령으로 정한다. (신설 2008. 3. 28., 2010. 1. 18.)

제18조 [위임 및 위탁]

① 보건복지부 장관은 이 법에 의한 권한의 일부를 대통령령이 정하는 바에 의하여 시·도지사 또는 시장·군수·구청장에게 위임할 수 있다. (개정 2008. 2. 29., 2010. 1. 18.)

② 보건복지부 장관은 대통령령이 정하는 바에 의하여 관계 전문기관에 그 업무의 일부를 위탁할 수 있다. (신설 2000. 1. 12., 2008. 2. 29., 2010. 1. 18., 2018. 12. 11.), (제목 개정 2000. 1. 12.)

제19조 [국고 보조]

국가 또는 지방자치단체는 제13조제3항의 규정에 의하여 위생 서비스 평가를 실시하는 자에 대하여 예산의 범위 안에서 위생 서비스 평가에 소요되는 경비의 전부 또는 일부를 보조할 수 있다.

[제19조의2(수수료)]

제6조의 규정에 의하여 이용사 또는 미용사 면허를 받고자 하는 자는 대통령령이 정하는 바에 따라 수수료를 납부하여야 한다.
(본조신설 2005. 3. 31.)

[제19조의3(같은 명칭의 사용 금지)]

위생사가 아니면 위생사라는 명칭을 사용하지 못한다.

(본조 신설 2016. 2. 3.)

[제19조의4(벌칙 적용에서 공무원 의제)]

제18조제2항에 따라 위탁받은 업무에 종사하는 관계 전문기관의 임직원은 「형법」 제129조부터 제132조까지의 규정을 적용할 때에는 공무원으로 본다.

(본조 신설 2018. 12. 11.)

제20조 [벌칙]

① 다음 각 호의 1에 해당하는 자는 1년 이하의 징역 또는 1천만 원 이하의 벌금에 처한다. (개정 2002. 8. 26.)

1. 제3조제1항 전단의 규정에 의한 신고를 하지 아니한 자
2. 제11조제1항의 규정에 의한 영업정지 명령 또는 일부 시설의 사용 중지 명령을 받고도 그 기간 중에 영업을 하거나 그 시설을 사용한 자 또는 영업소 폐쇄 명령을 받고도 계속하여 영업을 한 자

② 다음 각 호의 1에 해당하는 자는 6월 이하의 징역 또는 500만 원 이하의 벌금에 처한다. (개정 2002. 8. 26.)

1. 제3조제1항 후단의 규정에 의한 변경신고를 하지 아니한 자
2. 제3조의2제1항의 규정에 의하여 공중위생영업자의 지위를 승계한 자로서 동조 제4항의 규정에 의한 신고를 하지 아니한 자
3. 제4조제7항의 규정에 위반하여 건전한 영업 질서를 위하여 공중위생영업자가 준수하여야 할 사항을 준수하지 아니한 자

③ 다음 각 호의 어느 하나에 해당하는 사람은 300만 원 이하의 벌금에 처한다. (개정 2015. 12. 22., 2020. 4. 7.)

1. 제6조제3항을 위반하여 다른 사람에게 이용사 또는 미용사의 면허증을 빌려주거나 빌린 사람

2. 제6조제4항을 위반하여 이용사 또는 미용사의 면허증을 빌려주거나 빌리는 것을 알선한 사람

3. 제6조의2제9항을 위반하여 다른 사람에게 위생사의 면허증을 빌려주거나 빌린 사람

4. 제6조의2제10항을 위반하여 위생사의 면허증을 빌려주거나 빌리는 것을 알선한 사람

5. 제7조제1항에 따른 면허의 취소 또는 정지 중에 이용업 또는 미용업을 한 사람

6. 제8조제1항을 위반하여 면허를 받지 아니하고 이용업 또는 미용업을 개설하거나 그 업무에 종사한 사람

제21조 [양벌 규정]

법인의 대표자나 법인 또는 개인의 대리인, 사용인, 그 밖의 종업원이 그 법인 또는 개인의 업무에 관하여 제20조의 위반 행위를 하면 그 행위자를 벌하는 외에 그 법인 또는 개인에게도 해당 조문의 벌금형을 과(科)한다. 다만, 법인 또는 개인이 그 위반 행위를 방지하기 위하여 해당 업무에 관하여 상당한 주의와 감독을 게을리 하지 아니한 경우에는 그러하지 아니하다.

(전문 개정 2011. 3. 30.)

제22조 [과태료]

① 다음 각 호의 1에 해당하는 자는 300만 원 이하의 과태료에 처한다. (개정 2002. 8. 26., 2005. 3. 31., 2008. 3. 28.)

1. 삭제 (2016. 2. 3.)

1의2. 제4조제2항의 규정을 위반하여 목욕장의 수질 기준 또는 위생 기준을 준수하지 아니한 자로서 제10조의 규정에 의한 개선명령에 따르지 아니한 자

2. 제4조제7항의 규정에 위반하여 숙박업소의 시설 및 설비를 위생적이고 안

전하게 관리하지 아니한 자

3. 제4조제7항의 규정에 위반하여 목욕장업소의 시설 및 설비를 위생적이고 안전하게 관리하지 아니한 자

4. 제9조의 규정에 의한 보고를 하지 아니하거나 관계 공무원의 출입·검사 기타 조치를 거부·방해 또는 기피한 자

5. 제10조의 규정에 의한 개선 명령에 위반한 자

6. 제11조의5를 위반하여 이용업소 표시등을 설치한 자

② 다음 각 호의 1에 해당하는 자는 200만 원 이하의 과태료에 처한다. (개정 2002. 8. 26., 2016. 2. 3.)

1. 제4조제3항 각 호 및 제7항의 규정에 위반하여 이용업소의 위생관리 의무를 지키지 아니한 자

2. 제4조제4항 각 호 및 제7항의 규정에 위반하여 미용업소의 위생관리 의무를 지키지 아니한 자

3. 제4조제5항 및 제7항의 규정에 위반하여 세탁업소의 위생관리 의무를 지키지 아니한 자

4. 제4조제6항 및 제7항의 규정에 위반하여 건물 위생관리업소의 위생관리 의무를 지키지 아니한 자

5. 제8조제2항의 규정에 위반하여 영업소 외의 장소에서 이용 또는 미용업무를 행한 자

6. 제17조제1항의 규정에 위반하여 위생교육을 받지 아니한 자

③ 제19조의3을 위반하여 위생사의 명칭을 사용한 자에게는 100만 원 이하의 과태료를 부과한다. (신설 2016. 2. 3.)

④ 제1항부터 제3항까지의 규정에 따른 과태료는 대통령령으로 정하는 바에 따라 보건복지부 장관 또는 시장·군수·구청장이 부과·징수한다. (신설 2016. 2. 3.)

화장품 시험실
안전 및 위생관리

화장품 위생관리

CHAPTER

7

화장품 시험실 안전 및 위생관리

안전 실행에 영향을 주는 요소		
개인 (Personal)	주위 상황 (Conditions)	시스템 (Systems)
지식 부족 (Lack of knowledge) 안전 불감증 (Safety frigidity) 조직문화 (Culture) 경험 (Experience) 신체 능력 (Physical)	연구실 설계 (Design) 연구실 설치 (Installation) 연구실 유지 관리 (Maintenance) 연구시설 개조 (Modifications)	실험 절차 (Procedures) 규정/정책 (Rules/Policies)

7.1 연구실 기본 안전수칙

1) 연구 활동 종사자의 보호

1. 모든 연구 활동 종사자는 실험을 하는 동안 발끝을 덮는 신발을 착용하여야
   한다. (끈으로 된 신발, 발끝이 드러나는 신발, 샌들 등은 보호신발로 부적절)
2. 긴 머리는 부상을 방지하기 위하여 뒤로 묶어야 한다.
3. 청결한 실험복을 실험하는 동안 항시 착용하여야 한다. 실험복은 실험실을
   떠날 때 탈의하여야 한다. (오염된 실험복은 화학물질 접촉과 감염의 원인이
   될 수 있으므로 주의한다)
4. 모든 실험실과 지정된 장소에서 눈 보호구의 착용이 요구될 경우 보안경은
   항시 착용하여야 한다.

2) 연구실 안전사고 예방

1. 연구 활동 종사자는 모든 미생물 표본을 전염성이 있는 것으로 간주하고 다
   루는 미생물 표본의 안전한 취급을 위하여 요구되는 조건에 따라야 한다.
2. 방사선 발생원(레이저, 자외선 방사선 물질 또는 아크 램프 등)은 연구실 책
   임자의 지시와 감독하에 사용하여야 한다.

7.2 개인보호구 및 연구실 안전시설

1) 눈과 안면 부위 보호구

1. 의도치 않게 위해성 물질·물체 및 입자 등이 튀기는 경우, 혹은 비전리방사
   선을 사용하는 경우 물리적 차단한다.
2. 콘택트렌즈는 착용 금지, 부득이한 경우 보호 고글 착용

(1) 투명 보호경

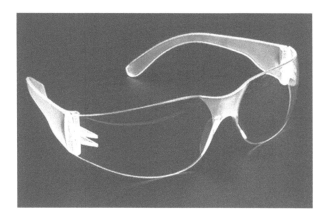

[투명 보호경]

투명 보호경은 입자, 유리 및 금속 파편 등의 물체로부터 눈을 보호할 수 있지만 안면 전체를 보호하지는 못한다.

(2) 투명 보호 고글

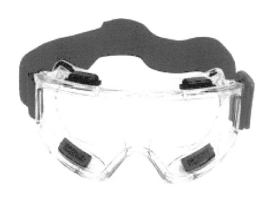

[투명 보호 고글]

문진 보호 고글은 문진 및 액체로부터 눈의 보호가 가능하다.

(3) 보호면/보호막

[보호면/보호막]

안면부 전체를 보호하며 진공 상태에서의 작업이나 폭파, 내파, 튀김으로 인한 안전사고 가능성이 있는 작업 수행 시 착용한다.

보호경 혹은 보호 고글 착용 후 그 위에 착용 가능하다.

[보호면/보호막 사용 작업]

- 많은 양의 위험, 유해성 물질과 그 외의 파편이 튐으로 인해서 안전사고가 발생할 수 있을 때
- 가압멸균기(autoclave)의 가열된 액체를 제거할 때
- 액체 질소를 다룰 때
- 반응성이 매우 크거나, 농도가 높은 부식성 화학물질을 다룰 때
- 진공 및 가압을 활용하는 유리 기구를 사용할 때

(4) 차광보안경

[차광보안경]

레이저 장비 사용 및 용접 등에서 발생되는 레이저, 자외선, 적외선 등의 유해 광선으로부터 눈을 보호한다.

2) 호흡구 보호구

1. 공기 중 높은 농도의 화학물질을 흡입하는 경우 장·단기적 건강 영향 발생
2. 연구실 내 분진, 증기 연무, 가스 등에 오염된 공기의 노출 차단

호흡기 보호구의 종류 및 형태에 따른 분류				
분류	공기정화식		공기공급식	
종류	비전동식	전동식	송기식	자급식
한면부 등의 형태	전면형 반면형 1/4형	전면형 반면형	전면형 반면형 페이스실드 후드	전면형
보호구멍	방진마스크 방독마스크 겸용마스크 (방진방독)	전동팬부착 방진마스크 방독마스크 겸용마스크 (방진방독)	송기마스크 호스마스크	공기호흡기 (개방식) 산소호흡기 (폐쇄식)

공기정화식에는 안면부 여과식 방진마스크가 포함된다.

① 안면부 여과식 방진마스크

석면, 바이오 에어로졸 등의 입자성 유해물질 차단(가스나 증기 등의 비입자성 물질에는 적용될 수 없다)

② 공기정화식 마스크(필터/카트리지 교환용)

필터/카트리지 종류에 따라 다양한 종류의 유해물질에 적용 가능

③ 전동식 마스크

사용자의 몸에 전동기를 착용한 상태에서 전동기 작동에 의해 여과된 공기가 호흡 호스를 통하여 안면부에 공급하는 형태

3) 보호 장갑

1. 장시간 손을 담그고 화학물질을 다루거나 고농도의 부식성, 높은 급성 독성을 가지는 화학물질을 다룰 때 사용한다.
2. 보호 성능 저하 정동, 침투율, 투과 시간 등을 고려하여 선택한다.

보호 장갑 재질에 따른 활용	
부틸고무	휘발성이 큰 에스터류와 케톤류를 다룰 때 적합하다.
네오프렌	산류와 부식성 물질 및 오일류에 적합하다.
라텍스	산류, 부식성 물질, 염류, 세제류, 알콜류 등에 사용하지만 유기용매에 취약하고 알레르기 반응을 일으킬 수 있다.
나이트릴	용매, 오일류, 일부 산과 염기류에 적합하다.
PVC	지방류, 산류, 석유계 탄화수소에 적합하다.
PVA	방향족 및 염소계 용제에 적합하다.

4) 보호복

실험실 내 위험 요인과 화학물질로부터 물리적, 화학적으로 신체를 보호한다.

(1) 1회용 실험복

[1회용 실험복]

동물과 생물 실험 시 사용한다.

(2) 방화용 실험복

[방화용 실험복]

자연 발화하는 물질 또는 높은 반응성을 가진 물질 취급 시 (세탁 시 기능 소멸 가능)

(3) 화학물질 실험복

[일반 실험복]

화학물질 취급 시(화학물질 종류와 특성에 맞는 것으로 선택)

(4) 일반 실험복

[보호용 앞치마]

특별한 주의를 요하지 않는 일반 실험에서 사용한다. (화기물질 다룰 시 적합하지 않음)

(5) 보호용 앞치마

특별한 화학물질에 대한 추가적인 보호가 필요시 실험복 위에 착용한다.

5) 안전화

1. 발끝을 보호한다.
2. 화학물질 저항력이 있는 신발 덮개나 장화를 착용한다.

6) 세안기 및 비상 샤워기

1. 유해물질 폭로 시 최소 10초 이내에 이용할 수 있는 위치에 배치한다.
2. 동선상에 장애물이 있어서는 안 된다.
3. 사고 시 응급조치 수단으로 활용하며, 안구 세정 및 비상 샤워 후 의사의 진단과 치료가 필요하다.
4. 안구 세정 시 눈을 뜬 채로 세정이 어려운 경우 동료의 도움을 받아 눈꺼풀이 열려 있는 채로 유지한다.
5. 비상 샤워기는 의류에 발생한 화재 진압, 유해물질 접촉 등의 상황에 사용한다.
6. 약 15분간 씻도록 권장한다.

7) 소화기

A형	일반 가연물 화재용(섬유류, 종이, 목재 등)
B형	유류 화재용(유류, 인화성 액체 등)
C형	전기 화재용(통전 중인 전기 기기 등)
D형	가연성 금속용(Li, Na, K, Mg 등)
K형	조리로 인한 화재용(가연성 튀김기름 등)

분말 소화기 사용 순서

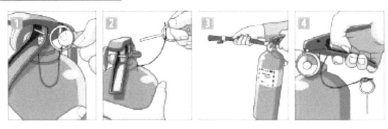

1~2 손잡이 부분의 안전핀을 뽑는다.

3 바람을 등지고 서서 호스를 불쪽으로 향하게 잡는다.

4 손잡이를 꽉 움켜쥐고 불을 향해 분사한다. 이때 빗자루로 쓸듯이 뿌린다.

8) 흄 후드

[흄 후드]

1. Sash를 최대로 개방하였을 때 보통 최소 면 속도 0.4 m/sec 이상 유지 권장

2. 실험은 가능한 후드 안쪽에서 이루어져야 하며, 작업 시 최소 면 속도 0.4m/sec 이상 유지하면서 sash의 높이를 조절해야 한다.

[흄 후드 사용 및 유지 시 주의사항]

- 면 속도 확인 게이지가 부착되어 수시로 기능 유지 여부를 확인할 수 있어야 하며, 후드의 고유번호와 점검일지 비치
- 후드 내부를 깨끗하게 관리하고 후드 안의 물건은 이북에서 최소 15cm 이상 떨어져 있어야 한다.
- 후드 안에 머리를 넣지 않는다.
- 필요 시 추가적인 개인 보호 장비를 착용한다.
- 후드 sash는 실험 조작이 가능한 최소 범위만 열려 있어야 한다.
- 미사용 시 창을 완전히 닫아야 한다.
- 콘센트나 다른 스파크가 발생할 수 있는 원천은 후드 내에 두지 않는다.
- 흄 후드에서의 스프레이 작업은 화재 및 폭발 위험이 있으므로 금지한다.
- 흄 후드를 화학물질의 저장 및 폐기 장소로 사용해서는 안 된다.

7.3 사전 유해인자 위험분석

1) 개요

(1) 의의
(2) 법적 근거

2) 사전 유해인자 위험분석 대상 연구실

(1) 의의

- 연구실에서 발생하는 사고를 사전에 예방하고 사고 발생 시 신속한 사고 대응을 위해 연구실 책임자가 연구개발 활동 시작 전 해당 연구실에 존재하고 있

는 유해인자를 미리 분석하고 이에 대한 안전계획 및 비상조치계획 등 필요한 대책을 수립하고 실행하는 일련의 과정

(2) 법적 근거

- 연구실 안전법 및 동법 시행령 개정. 시행('15. 07. 01)으로 '사전 유해인자 위험분석' 고시 제정 및 실시 '연구실 사전유해인자위험분석 실시에 관한 지침' 시행('16. 03. 08)

주요 내용	
적용 범위	유해화학물질, 유해인자, 독성가스를 취급하는 모든 연구실
작성 시기	연구 개발 활동 시작 전 실시하며, 주요 변경사항 발생 시 또는 연구실책임자가 필요하다고 인정 시 추가 수행
분석 절차	연구실 안전 현황 분석 → 유해 인자별 위험분석(R&DSA*포함) → 안전계획 → 비상조치 계획 * R&DSA : 연구개발 활동 분석(research & development safety analysis) 은 2018년 1월 1일부터 시행 예정
내용	유행인자 및 위험성 파악, 유해인자의 취급·보관·폐기방법, 개인보호구 활용방안, 비상상태(누출·화재·폭발 등)시 응급조치, 대처방법 등 연구현장의 빠른 정착을 위해 위험분석 시스템(tool) 및 가이드라인 제공
보고 및 관리	연구개발 활동 시작 전 연구주체의 장에게 보고하고 출입문 등 쉽게 볼 수 있는 곳에 보고서 게시 등
기대효과	연구자 스스로 해당 연구실의 안전관리체계를 구축하여 자율적인 안전의식 제고, 연구실 사고 예방 등 신속한 사고 대응

(3) 법규에서 정하고 있는 유해인자를 취급하는 연구실

- '화학물질관리법' 제2조제7호에 따른 유해 화학물질
- '산업안전보건법' 제39조에 따른 유해인자
- '고압가스 안전 관리법' 시행규칙 제2조제1항제2호에 따른 독성 가스

구분	분류		법적 근거	물질 수
「화학물질 관리법」	유독물질		「유독물질 및 제한물질 금지물질의 지정」 별표1 [환경부고시 제 2016-2호]	727종
	제한물질		「유독물질 및 제한물질 금지물질의 지정」 별표2. 별표3 [환경부고시 제2016-2호]	54종
	금지물질		「유독물질 및 제한물질 금지물질의 지정」 별표4. 별표5 [환경부고시 제2016-2호]	80종
	사고대비물질		「화학물질 관리법」 시행규칙 별표10	69종
「산업안전 보건법」	제조 금지 유해물질		「산업안전보건법」 시행령 제29조	11종
	제조 허가 유해물질		「산업안전보건법」 시행령 제30조	13종
	허용기준이하유지대상 유해인자		「산업안전보건법」 시행령 제31조	13종
	작업환경 측정 대상 유해인자 (화학적 인자)		「산업안전보건법 시행규칙」 별표11의4 ※시행령 제 30조 허가대상물질 13종 포함	187종
	특수건강진단 대상 유해인자 (화학적 인자)		「화학물질 및 물리적 인자의 노출기준」 제5조 [고용노동부고시 제 2013-38호]	169종
	노출기준 설정 대상		「산업안전보건기준에 관한 규칙」 별표1 [고용노동부령 제 144호]	717종
	위험물질		「산업안전보건기준에 관한 규칙」 별표1 [고용노동부령 제 144호]	68종
	관리대상 유해물질		「산업안전보건기준에 관한 규칙」 별표12 [고용노동부령 제144호]	167종
	물리적 유해 인자		「산업안전보건법」 시행규칙 별표11의 2	12종
	생물체[1]	고위험병 원체	「감염병의 예방 및 관리에 관한법」 시행규칙 별표1	35종
		제3위험 군	「유전자재조합실험지침」 별표1 [고용노동부고시 제 2013-38호]	85종
		제4위험 군	「유전자재조합실험지침」 별표2 [고용노동부고시 제 2013-38호]	21종
「고압가스안 전관리법」	독성가스		「고압가스안전관리법 시행규칙」 제2조	31종

---

1) 산업안전보건법에서 생물체의 경우 해당되는 생물체 구분이 어렵기 때문에 「생명공학 육성 법」에서 제시하는 고위험병원체, 제 3, 4 위험군을 사용

3) 연구실 안전 조치

(1) 실시 시기

- 연구개발 활동 시작 전 유해 위험인자(화학적, 물리적 위험 요인 등 사고를 발생시킬 가능성이 있는 인자)에 대한 실태를 파악함으로써 사고 예방

(2) 사전 유해인자 위험분석 주요 내용

- 연구실 안전 현황 분석 항목
- 연구개발 활동별 유해인자 위험분석
- 연구실 안전계획 수립
- 비상조치계획 수립

4) 사전 유해인자 위험분석 Tool

(1) 국가연구안전정보시스템 (www.labs.kr)

- 연구실 안전정보 → 사전 유해인자분석 (회원가입 및 로그인, 권한 신청 절차 필요)

5) 사전 유해인자 위험분석 주요 작성 내용

(1) 연구실 안전 현황 분석 항목

- 연구실 사전 유해인자 위험분석 실시에 관한 지침 [별지 제1호 서식]

연구실 안전 현황

(보존기간 : 연구종료일로부터 3년)

기관명			구분	1. 대 학 ☐ 2.연구기관 ☐ 3. 기업부설(연) ☐ 4.기　타　☐
연구실 개요	연구실명			
	연구실의 위치		동 층 호	
	연구실의 면적		연구 분야 (복수선택 가능)	1.화학 / 화공 ☐ 2.기계 / 물리 ☐ 3.전기 / 전자 ☐ 4.생명/미생물 ☐ 5.건축/토목/자원 ☐ 6.기　　　　타 ☐(　　　)
	연구실책임자명		연락처 (e_mail 포함)	
	연구실 안전관리 담당자명		연락처 (e_mail 포함)	
비상연락처		연구실안전환경관리자 : 사고처리기관(소방서 등) :	병원 : 기타 :	
연구실 수행 연구 계발활동명 (실험/연구과제명)		1. 2.		

연구활동종사자 현황	연 변	이 름 (성별 표시)	직 위 (교수/연구원/학생 등)	담당 연구개발활동명 (연구/실험/실습명)

주요기자재의 현황	연 변	기자재명 (연구기구기계장비)	규 격(수량)	활용 용도	비 고

연구실 유해인자

화학물질(「산업안전보건법」, 「화학물질관리법」 기준)	- 보유 물질 -				- 보유 수량 -	
	1. 폭발성 물질	☐	2. 인화성 물질	☐	1. 10종 미만	☐
	3. 물 반응성 물질	☐	4. 산화성 물질	☐	2. 10종 ~ 30종 미만	☐
	5. 고압가스	☐	6. 자기반응성 물질	☐	3. 30종 ~ 50종 미만	☐
	7. 발화성 물질	☐	8. 유기과산화물	☐	4. 50종 ~ 100종 미만	☐
	9. 금속부식성 물질	☐			5. 100종 이상	☐

가스 (「고압가스관리법」 기준)	

생물체	1. 고위험병원체 ( )종
	2. 고위험병원체를 제외한 제3 위험군 ( )종
	3. 고위험병원체를 제외한 제4 위험군 ( )종

물리적 유해인자	1. 소음	☐	2. 진동	☐	3. 방사선	☐
	4. 이상기온	☐	5. 이상기압	☐	6. 분진	☐
	7. 전기	☐	8. 레이저	☐	9. 위험기계·기구	☐
	10. 기타	☐				

24시간 가동여부	☐ Yes ☐ No	정전시 긴급대응 여부	☐ Yes ☐ No

개인보호구 현황 및 수량

보안경/고글/보안면		안전화/내화학장화/절연장화		귀마개/귀덮개	
레이저 보안경		안전장갑		실험실 가운	
안전모/머리커버		방진/방독/송기 마스크		보호복	
기타					

안전장비 및 설비 보유현황

☐ 세안설비(Eye washer)	☐ 비상샤워시설	☐ 흄후드	☐ 국소배기장치
☐ 가스누출경보장치	☐ 자동차단밸브(AVS)	☐ 중화제독장치(Scrubber)	☐ 가스 실린더 캐비넷
☐ 케미컬누출대응킷	☐ 유(油)흡착포	☐ 안전폐액통	☐ 레이저 방호장치
☐ 시약보관캐비넷	☐ 글러브 박스	☐ 불산치료제(CGG)	☐ 소화기
☐ 기타 ( )			

연구실 배치현황

배치도	주요 유해인자 위험설비 사진	
<전 체>	<사진>	<사진>
	<사진>	<사진>

연구개발 활동별 (실험 · 실습/연구 과제별) 유해인자 위험분석

(보존기간 : 연구종료일로부터 3년)

연구명 (실험실습/연구과제명)			연구기간 (실험실습/연구과제)		
연구 (실험·실습/연구과제) 주요 내용					
연구활동종사자					

유해인자	유해인자 기본정보				
1)「산업안전보건법」제39조의 유해인자 중 화학물질 및 「화학물질관리법」제2조에 따른 유해화학물질	CAS NO 물질명	보유 수량	GHS등급 (위험, 경고)	NFPA 심볼	위험분석
	①				
	②				
2)「산업안전보건법」제39조의 유해인자 중 가스 및 「고압가스 관리법」에 의한 독성 가스	가스명	보유 수량	가스종류 (독성, 특정, 고압, 가연성, 액화 및 압축)		위험분석
	①				
	②				
3) 생물체 (고위험 병원체 및 고위험 병원체를 제외한 제3,4위험군)	생물체명	고위험병원체 해당여부	위험군 분류		위험분석
	①				
	②				
4) 물리적 유해인자 (소음, 진동, 방사선, 이상기온, 이상기압, 분진, 전기, 레이저, 위험기계기구 등	기구명	유해인자 종류	크기		위험분석
	①				
	②				

안전계획	
취급방법	
저장방법	
폐기방법	
안전설비 및 개인보호구 활용방안	
비상조치계획	
응급조치 방법	
누출 시 대처 방법	
화재·폭발 시 대처방법	

(2) 연구개발 활동 안전분석(R&DSA)

- 연구개발활동안전분석(R&DSA)에 대하여는 2018년 1월 1일부터 시행
- 연구실 사전유해인자위험분석 실시에 관한 지침 [별지 제2호 서식]

■ 연구실 사전유해인자위험분석 실시에 관한 지침 [별지 제2호서식]

연구개발활동안전분석(R&DSA)

(보존기간 : 연구종료일부터 3년)

연구목적 :

순서	연구·실험 절차	위험분석	안전계획	비상조치계획
1	(사 진)			
2	(사 진)			
3	(사 진)			
4	(사 진)			
5	(사 진)			
6	(사 진)			

(2) 사전 유해인자 위험분석 보고서 관리

- 연구 주체의 장은 사전 유해인자 위험분석 보고서를 종합하여 확인 후 문서번호를 부여하여 관리·보관
- 연구실 사전 유해인자 위험분석 실시에 관한 지침 [별지 제3호 서식]

■ 연구실 사전유해인자위험분석 실시에 관한 지침 [별지 제3호서식]

사전유해인자위험분석 보고서 관리대장

(보존기간 : 연구종료일부터 3년)

문서 번호	접수일	연구실명	연구실 책임자		연구개발활동명 (연구기간)	주요 변경사항*	조치 내용** (조치 완료일)
			성명	직위			

* 사전유해인자위험분석 보고서중 변경사항에 대하여 간략하게 작성
** 사전유해인자위험분석 결과중 개선이 필요한 사항에 대하여 개선이 실시되었는지 여부에 대하여 작성
  - 개선사항을 간단히 작성
  - 개선이 완료되었을 경우 완료날짜를 괄호를 이용하여 작성

7.4 실험 폐기물 처리

[의료 폐기물 전용 봉투]

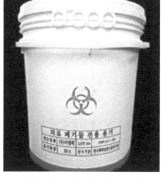
[합성수지 전용 용기]

[골판지 전용 용기]

1) 실험 폐기물의 종류

(1) 지정 폐기물

- 특정 시설에서 발생되는 폐기물 : 폐합성고분자 화합물, 오니류, 폐농약
- 부식성 폐기물 : 폐산(액체 : pH 2 이하), 폐알칼리(액체 : pH 12.5 이상)
- 유해물질 함유 폐기물 : 광재, 분진, 폐주물사 및 샌드블라스트 폐사, 폐내화물, 소각재, 안전화 또는 고형화 처리물, 폐촉매, 폐흡착제 및 폐흡수제
- 폐유기용매 : 할로겐족, 기타 폐유기용제
- 폐페인트 및 폐락카
- 폐유 : 기름 성분 5% 이상 함유
- 폐석면
- 폴리클로리네이티드비페닐 함유 폐기물
- 폐유독물
- 기타 주변 환경을 오염시킬 수 있는 유해한 물질로서 환경부 장관이 정하여 고시하는 물질

(2) 의료 폐기물

- 격리 의료 폐기물
- 위해 의료 폐기물 : 조직물류, 병리계, 손상성, 생물 및 화학, 혈액 오염 폐기물
- 일반 의료 폐기물

(3) 연구실 폐기물의 처리 시 사전 숙지 사항

- 처리해야 하는 폐기물에 대한 사전 유해 · 위험성을 평가하고 숙지
- 화학반응이 일어날 것으로 예상되는 물질은 혼합 금지
- 폐기하려는 화학물질은 반응이 완결되어 안전화가 유지되어야 함.
- 화학물질의 성질 및 상태를 파악하여 분리, 폐기
- 가스가 발생하는 경우, 반응 완료 후 폐기
- 적절한 폐기물 용기 사용
- 수집 용기에 적합한 폐기물 스티커 부착하고 기록
- 폐기물이 누출되지 않도록 뚜껑을 밀폐하고 누출 방지를 위한 키트 설치
- 폐기물의 장기간 보관 금지

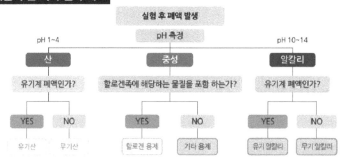

실험 폐기물 구분 처리 절차 예

(4) 폐기물 정보 작성 시 기재 사항

- 최초 수집된 날짜
- 수집자 정보
- 폐기물 정보 : 용량, 상태, 화학물질명, 잠재적 위험도, 폐기물 저장소 이동 날짜

[폐기물 스티커 사용예시]

7.5 사고 대응 및 응급처치

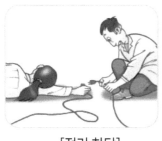

[전기 차단]

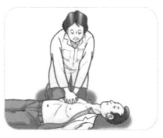

[심폐소생술]

[얼음 찜질]

응급처치 시 주의사항	아무리 긴급한 상황이라도 처치하는 자신의 안전과 현장 상황의 안전을 확보해야 한다.
	비의료인의 경우, 환자나 부상자의 생사를 판단하지 않는다.
	지시를 받기 전까지 원칙적으로 의약품을 사용하지 않는다.
	무의식 환자에게 음식(물 포함)을 주어서는 안 된다.
	긴급을 요하는 환자부터 처치를 한다.
	도움을 요청할 경우 사고의 경위, 환자의 상태 및 응급처치의 내용 등을 알려야 한다
	응급처치 후 반드시 전문의료인에게 인계해 전문 진료를 받도록 한다.
응급처치의 기본 원칙	쇼크의 예방 및 지혈: 신체의 모든 부위를 자세히 살펴 형태가 변하거나 갑자기 부어오르는 부위가 있다면 내부 출혈을 의심해야 한다.
	기도 유지: 산소 공급이 5분 이상 차단될 경우 뇌세포의 심각한 손상을 준다.
	의식 상태와 신체 부위 관찰: 빛에 노출시켰을 때 동공이 반응이 없거나 느리다면 매우 위중하다.
	상처 보호: 감염을 막기 위하여 멸균 조치를 취하고 오염을 방지한다.
	통증과 불안 감소: 불안감 증가 시 통증이 심해지고 치료 및 생존 의지가 저하된다.

[손상 부위별 응급처치 요령]

머리 부위	
두피의 상처	출혈을 막기 위해 깨끗한 멸균 거즈로 직접 압박한다.
머리뼈의 골절	호흡을 평가하며, 필요하면 처치를 한다.
	상처의 가장자리를 압박해 출혈을 막는다.
	환자의 머리와 목을 움직이지 못하게 고정한다.
뇌손상(뇌진탕)	호흡을 평가하며, 필요하면 처치를 한다.
	환자의 머리와 목을 움직이지 못하게 고정한다.
	두피 부위의 출혈을 확인하고, 출혈이 확인되면 출혈을 막는다.

코 부위	
코피(비출혈)	머리를 앞으로 약간 숙인 상태로 앉게 한다.
	5~10분간 코의 부드러운 부위를 엄지와 검지를 이용하여 눌러준다.
	10분 이상 코피가 멈추지 않거나, 코피가 목 뒤로 넘어가거나, 코뼈의 골절이 동반된 경우는 병원 치료를 받는다.

뇌손상(뇌진탕)	코피를 가볍게 지혈한다.
	15분 정도 얼음찜질을 한다.
	병원 치료를 받는다.

눈 부위	
눈의 단순 이물질	양쪽 눈커풀 밑에서 이물질을 찾는다.
	만약 이물질이 보이면, 거즈를 이용하여 제거한다.
눈의 관통상	눈을 관통한 물체가 있는 경우, 이물질을 제거하지 않고 그 물체를 고정한 상태에서 눈을 보존하도록 한다.
	119에 연락한다.
눈 부위의 타박상	얼음 등을 이용한 찜질을 시행한다. 안구에 직접 얼음이나 얼음팩을 올려놓지 않는다.
	만약 시력에 문제가 생기거나 시야 혼탁 등이 발생하면 안과 병원에 방문한다.
눈의 찢겨진 상처	생리식염수로 젖어 있는 거즈를 이용하여 압박을 하지 않은 상태로 눈을 가려준다.
	119에 연락한다.
절단된 눈꺼풀	안구에 손상이 발생한 경우, 압박을 가하지 않는다.
	안구에 손상이 없이 눈꺼풀이 찢어진 경우, 조심스럽게 압박을 하면서 거즈로 덮는다.
	119에 연락한다.
화학물질에 의한 눈 손상	20분 이상 따뜻한(미지근한 정도의 온도) 물로 씻어낸다.
	병원 치료를 받는다.
빛에 의한 눈 손상	눈을 차갑고 젖은 거즈를 이용해 덮어 준다.
	병원 치료를 받는다.

치아 부위	
치아 손상	치아가 빠진 부위에서의 출혈을 막는다. 거즈 등을 이용해서 빠진 부위의 구멍을 막는다.
	빠진 치아를 찾아 우유나 환자의 침을 이용하여 보관한다(이때 치아의 뿌리 부분이 아니라 치아의 머리 부분을 잡도록 한다).
	환자의 치아를 치과 병원에 보낸다.

척추 부위	
척추 손상	머리와 목을 움직이지 못하게 고정한다.
	환자가 반응이 없는 경우, 기도를 개방하고 호흡 상태를 평가한다.
	119에 연락하고, 지시에 따른다.
척추손상을 의심하게 되는 소견	팔이나 다리를 움직이지 못한다.
	팔이나 다리 부위의 통증 및 감각 이상을 호소한다.
	머리 및 목 부위의 변형이 발생한 경우(사고에 따른 목 부위 충격 및 추락 등의 외상이 발생한 경우)

가슴 부위	
갈비뼈 골절 (늑골골절)	편안한 자세를 취하도록 한다.
	베개, 담요 또는 두툼하고 부드러운 섬유 소재를 이용하여 갈비뼈를 지탱하게 한다.
	병원 치료를 받는다.
흉부의 이물질 삽입	물체를 상처 부위에 그대로 둔다(물체를 제거하지 않는다).
	두꺼운 거즈를 여러 겹으로 하거나 옷을 이용하여 그 물체를 고정한다.
	119에 연락하고 지시에 따른다.
흡인성 흉부 창상	공기가 가슴으로 들어가지 않도록 상처 부위를 막는다. 비닐 등을 이용하거나, 소독된 장갑이 있는 경우 손을 이용한다.
	환자의 호흡 상태에 따라 막았던 상처 부위를 제거한다.
	119에 연락하고 지시에 따른다.
갈비뼈 골절을 의심하게 되는 소견	깊게 호흡을 하거나 기침을 할 때, 또는 움직일 때 가슴 부위에서 느껴지는 날카로운 통증이 있는 경우
가슴 부위의 창상을 의심하게 되는 소견	가슴의 상처 부위에서 기포를 동반한 혈액이 발생하는 경우

복부(배) 부위	
복부의 타박상	다리를 복부 가까이에 끌어당긴 채 편안한 자세를 취하도록 한다.
	병원 치료를 받는다.
복부의 타박상 (개방성)	다리를 복부 가까이에 끌어당긴 채 편안한 자세를 취하도록 한다.
	튀어나온 장기를 다시 배 안으로 집어넣지 않는다.
	살균된 큰 거즈가 있는 경우, 생리식염수에 적셔 장기 부위를 덮어둔다.
	119에 연락하고, 지시에 따른다.

골반 부위	
골반 손상	환자를 움직이지 않게 그대로 둔다.
	쇼크 증상이 동반된 경우, 이에 대해 처치한다.
	119에 연락하고, 지시를 따른다.

근골격계의 손상(골절, 탈구, 삠 및 타박상)	
골절	손상된 부위를 노출시키고 검사한다.
	개방되어 있는 모든 상처에 대해 붕대를 이용하여 감는다.
	손상 부위를 고정한다.
	손상된 주변 부위를 차갑게 한다.
	병원 치료를 받는다. 중증도에 따라 119에 연락하여 지시에 따른다.
탈구	손상된 부위를 노출시키고 검사한다.
	손상된 부위를 고정한다.
	손상된 주변 부위를 차갑게 한다.
	병원 치료를 받는다.
근육 타박상 또는 삠	휴식을 취한다.
	얼음을 이용한 찜질을 시행한다.
	손상된 부위를 압박한다.
	약간 위로 들어올린다.

출혈	
외출혈 (외부 출혈)	처치하는 사람이 혈액에 접촉하지 않도록 장갑 등을 이용하여 보호한다.
	상처에 멸균된 거즈를 이용하여 덮는다.
	가능하다면 상처 부위를 올려준다.
	압박붕대를 이용하여 감싸준다.
	만약 출혈이 조절되지 않으면 출혈 부위 상부를 압박한 후 관찰한다.
내출혈 (경미한 출혈, 타박)	휴식을 취한다.
	얼음찜질을 시행한다.
	탄력붕대를 이용하여 상처 부위를 압박한다.
	상처 입은 팔 또는 다리 부위를 들어올린다.
내출혈 (쇼크 동반)	119에 신고한다.
	쇼크에 대한 처치를 시행한다.
	만약 구토를 한다면 환자를 옆으로 돌린다.

쇼크	
쇼크	호흡 상태를 관찰하고 필요시 치료를 제공한다.
	119에 신고한다.
	확인된 모든 출혈을 막는다.
	환자를 바른 자세로 눕힌다.
	환자의 다리를 약 30cm 정도 올려준다.
	골절이 있다면, 환자를 움직이지 않는다.
	환자가 체온 저하를 느끼지 않도록 담요 등으로 덮어준다.
심한 알레르기 반응 (아나필락시스)	호흡을 관찰하고, 심폐소생술을 준비한다.
	무반응인 경우는 심폐소생술을 시행한다.
	119에 신고한다.
	의식이 있는 환자의 경우는 환자의 호흡을 돕기 위해 안은 자세를 유지한다. 무반응의 환자는 옆으로 눕힌다.

외상(개방 상처, 절단, 이물질 삽입)	
개방성 상처	비누와 물로 씻어낸다.
	수압을 높여 흐르는 물에 씻는다.
	남아 있는 작은 물체 등은 제거한다.
	출혈이 계속되는 경우 상처에 압박을 가한다.
	깨끗한 멸균 거즈를 덮는다.
	감염 위험이 높은 상처와 봉합이 필요한 상처는 다음 조치를 위해 병원치료를 받는다.
절단	119에 연락한다.
	출혈을 막는다.
	쇼크가 생기지 않도록 관찰한다.
	절단된 부위를 보호하고, 깨끗한 거즈로 싼다.
	비닐봉지와 방수용기를 이용하여 절단된 부위를 넣는다.
	차게 유지시킨다.
이물질	가시와 같은 작은 물체가 아닌 경우를 제외하고는 물체를 제거하지 않는다.
	물체 주변에 압박을 가해 출혈을 막는다.
	두꺼운 거즈나 깨끗한 천으로 물체를 고정한다.
	병원 치료를 받는다.

화장품 미생물의 이해

화장품 위생관리

CHAPTER
8

화장품 미생물의 이해

8.1 미생물의 정의

미생물은 인간의 육안으로는 인식할 수가 없는(인간이 직접 볼 수 있는 가장 작은 물체 크기는 약 0.1mm, 보통 그 크기는 1mm 이하의 생물체) 작은 생물들의 총칭이며, 미생물에는 세균·진균·원생동물·바이러스 등이 포함되고, 이러한 생물들을 연구 대상으로 하는 과학을 미생물학(微生物學, microbiology)이라 한다.

미생물의 여러 해석은 넓은 뜻부터 좁은 뜻까지 다양하게 해석이 가능하다. 미생물학에서 역사적인 발전 과정들은 먼저 의학·농학 등의 인간에게서 밀접한 관계를 형성하고 있는 연구로부터 출발할 수 있고, 다음 기초 분야들의 연구로 옮겨져서 이학적인 연구를 행한 뒤에 응용 영역으로 환원시키는 독특한 경로를 거쳤다고 볼 수 있다.

[유용 미생물]

농산업, 식의약품, 발효, 환경, 에너지, 화학 등

[유해 미생물]

동식물 병원성 미생물, 독소 분비 미생물, 변질·부패미생물 등

8.2 미생물의 역사

1) 미생물의 기원

(1) 초기 미생물

17세기 이전의 사람들은 경험과 관습에 의해 발효유, 포도주, 맥주, 빵 등 음식의 미생물을 이용하였지만 정확한 존재를 알지 못했다. 미생물을 관찰하는 적당한 도구의 부족으로 제한된 것이다.

- 로버트 훅(Robert Hooke)
  1665년 복합광학현미경을 조립하여 얇게 썬 코르크를 관찰하여 세포(cell)라는 새로운 용어를 만들었다.

[Robert Hooke]

■ 안톤 반 레벤훅(Anton van Leeuwenhoeck)
1673년에 자작 단일의 렌즈 현미
경을 이용하여 살아 있는 미생물
들을 최초로 관찰한 사람이다. 빗
물, 하수, 오염수 등을 관찰하였다.

[Anton van Leeuwenhoeck]

(2) 미생물의 자연 발생설과 생물 속생설(생물 발생설)

그리스 아리스토텔레스 시대로부터 르네상스(18세기) 시대까지 수많은 과학자
들은 '살아 있는 생물체들은 무(無)생물체로부터 자연적으로 발생을 한다'라고 믿
었다. 예로 구더기 → 썩은 고기에서 발생, 개미 → 꿀에서 발생, 미생물 → 상한
국물에서 발생하는 등. 생물체들은 다른 살아 있는 생물체로부터만 발생을 한다는
생각이었다. 자연 발생설의 견해로 18세기까지 미생물학은 거의 답보 상태였다.

■ 프란체스코 레디(Francesco Redi)
자연 발생설에 대한 첫 실험을 한
사람이다. 1668년 구더기가 썩은
고기 안에서 자연적으로 발생하지
않는다는 것을 증명하였다.

[Francesco Redi]

■ 라차로 스팔란차니(Lazzaro Spallanzani)
1765년 봉해져 있는 플라스크 안에
서 가열된 영양 국물들은 미생물에
오염되지 않는 것을 발견하였다.
유기물의 부패는 자연적으로 생기
지 않고 세포분열에 의해 증식하는
작은 생물에 의해서 일어난다는 것
을 실험적으로 보여 줬으나 일부
자연 발생설 지지자들이 "끓이는
것은 플라스크 내에서 공기의 생명
력을 파괴하는 것"이라고 비판하
였다.

[Lazzaro Spallanzani]

■ 슐체(Franz Shultze)와 슈반(Theodor Schwann)

[Franz Shultze]

[Theodor Schwann]

열처리되어 있는 배지에서 부패 과정이 일어나는 것은 공기 중에 떠도는 미생물 때문이라며 공기가 미생물의 근원이라고 생각하였다.

■ 루이스 파스퇴르(Louis Pasteur)
논쟁의 종지부, 1861년의 환경에서 미생물은 영양 국물로부터 미생물 생육을 초래함을 설명하며 마침내 자연 발생설을 반등하였다. 파스퇴르의 실험의 배양뿐만 아니라 직접적으로 현미경을 관찰하여 공기 중에 미생물이 존재한다는 것을 보여 주고, 발효를 시작할 때 멸균되어 있는 배지가 부패

[Louis Pasteur]

되는 과정에 미생물이 존재한다는 것을 보여 주었다. 공기는 들어가지만 미생물은 목 부분에서 걸러지는 백조목플라스크를 고안하여 포도주 제조 시 산패의 원인을 밝혀냈다. 발효·효모·산패·세균의 발효가 끝난 후에 60°C에서 30분 가열하여 세균을 사멸하였다. 이것이 오늘날까지 이용되는 저온살균법(pasteurization)이며 무균 기술 개발로 원하지 않는 미생물에 의한 오염을 방지한다. 파스퇴르는 "Omne vivum e vivo"(모든 생물들은 생물에서부터 발생한다)라는 말을 남겼다.

(3) 황금기(1857 ~ 1914년)

질병의 병원균설 : 그 당시의 질병이란 신의 징벌이나 독성 증기 또는 저주, 마력 등에 의해 일어나는 것이라고 생각하였으나 미생물학의 수많은 발전을 통하여 질병은 미생물에 의해서 일어나는 것이라고 생각하게 되었다.

■ 바시(Agostino Bassi)

1835년 곰팡이가 누에병을 일으킴을 발견하였다. 루이 파스퇴르보다 10년 앞서 연구를 시작해 많은 질병이 미생물에 의해 일어난다는 것을 발견했으며 25년간의 연구와 실험 끝에 1807년 이탈리아와 프랑스에 심각한 경제적 손실을 준 말데세그노라는 누에의 병에 대해 보트리티스 파라독사(지금은 Beauvaria bassiana)가 접촉이나 오염된 음식물에 의해 누에 사이에서 전이된다고 결론지었다.

[Agostino Bassi]

- 제멜바이스(Ignaz Semmelweis)

  1840년 분만열(childbirth fever)이 손 소독을 하지 않은 의사들에 의해서 다른 사람에게까지 전염된다는 것을 증명하였다.

[Ignaz Semmelweis]

- 조지프 리스터(Joseph Lister)

  1860년 수술에 의한 상처 처리에 소독제를 사용하여 감염률을 크게 낮추었다.

[Joseph Lister]

■ 로버트 코흐(Robert Koch)와 그 동료들

1876년 최초로 특정 세균이 질병을 일으킨다는 것을 증명하였고, 하나의 미생물에서 하나의 특정 질병을 일으키는 것이라는 병원균설(Germ theory)을 확립하고, 세균의 순수 분리법과 염색법 등의 미생물 연구 방법들을 확립시켰다. 그 외 탄저병균, 콜레라균, 결핵균, 티푸스균 등 다양한 병원균을 발견하였다.

[Robert Koch]

■ 코흐의 가설 → 특정 미생물은 특정 질병을 일으키는 것이다.

① 해당 미생물은 병에 걸려 있는 동물 속에서 항상 존재하며, 건강한 동물 속에서는 존재하지 않는다.

② 해당 미생물은 동물의 체외에서 순수하게 배양되어야 한다.

③ 배양된 미생물을 감수성을 가지고 있는 동물에게 재접종했을 때 특정 질병의 증상이 나타나야 한다.

④ 해당 미생물은 실험하는 동물로부터 재분리가 되어야 하며, 실험실에서 재배양이 될 수 있어야 하고, 또 배양된 미생물은 원래의 미생물과 같아야 한다.

■ 코흐의 순수 배양(pure culture)

① 미생물은 질병 발병의 원인이라는 것을 밝히기 위해 한 종류의 미생물만이 배양액 내에서 존재할 수 있도록 해야 한다. (순수한 배양액이어야 한다)

② 세균을 배양하게 되면 세균의 집락이 발생하며, 각각의 집락은 독특한 모양 또는 색을 가지고 있다.

③ 이 같은 집락은 순수한 배양(pure culture)이 된 것이다.

(4) 화학요법 시대의 개막(1910년대 이후 ~)

■ 파울 에를리히(Paul Ehrlich)
1910년 매독에 효과가 있는 비소
유도체인 살바르산(salvarsan)을
개발하였다.

[Paul Ehrlich]

■ 알렉산더 플레밍(Alexander Fleming)
1928년 페니칼리움 노타툼
(Penicillium notatum)이 생산하는
항생물질인 페니실린(penicillin)
을 발견하였다.

[Alexander Fleming]

■ 르네 듀보(Rene Dubos)

1939년 새균의 일종인 바실루스 브레비스(Bacillus brevis)가 생산하는 항생물질 gramidin, 티로시딘(tyrocidine)을 발견하였다.

[Rene Dubos]

■ 왁스먼(Waksman)

1943년 방선균의 일종인 곰팡이 스트렙토미케스 그리세우스(Streptomyces griseus)가 생산하는 항생물질인 스트렙토마이신(streptomycin)을 발견하였다.

[Waksman]

(5) 현대의 미생물학·분자생물학의 발전(1940년대의 이후 ~)

- 비들(Beedle)과 테이텀(Tatum)

  1941년 유전자·효소와의 관계를 밝혔고, 또 1954년에 하나의 유전자 - 하나의 효소설(one gene - one enzyme theory)을 주장하여 유전생화학 (biochemical genetics) 태동의 계기가 되었다.

- 에이버리(Avery), 맥커리(McCary), 맥러드(McLeod)

  1944년 폐렴쌍구균인 S형균 DNA를 R형균에게 주었을 때 S형균이 협막다당류를 형성하는 형질전환(transformation)의 현상을 발견하여 DNA(deoxyribonucleic acid)가 유전자의 화학적 본체 것을 증명하게 되었다.

- 왓슨(Watson)과 프랜시스 크릭(Francis Crick)

[Watson]   [Francis Crick]

1953년 DNA의 이중 나선 구조로 된 모형을 제출하였고, 분자생물학(molecular biology)의 발전 계기가 된다. DNA와 상보적인 핵산 nucleotide 배열을 갖는

messenger RNA(mRNA)와 아미노산을 운반하는 transfer RNA(tRNA)의 기술적 능력을 해명하고, DNA → mRNA → 단백질이라는 생물학적인 기본 개념을 확립시켰다.

■ 제이콥(F. Jacob)과 모노(J. L. Monod)

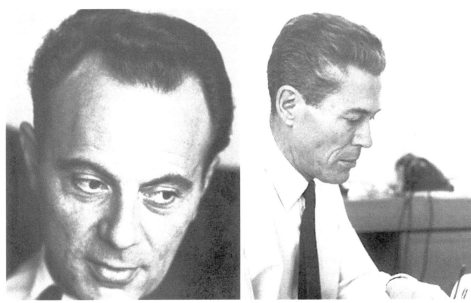

[F. Jacob]　　　　　　　　　[J. L. Monod]

제이콥과 모노의 오페론설(operon theory)의 제창 → 유전자(DNA)에서의 정보는 제어되며 최종적으로는 단백질로써 발현이 되는 기구를 설명하였고, 제이콥에 의한 유도, 억제라는 유전적 개념과 모노에 의한 다른 자리 효과(allosteric)라고 말하는 생화학적인 개념들을 결합시켜서 효소의 생성과 제어에 관계되는 기구를 해명하였다.

■ 니렌버그(M. Nierenberg)

유전자를 구성하는 핵산염기들과 그 정보들에 의해 생합성이 되는 단백질의 사이는 밀접한 관계를 가지고 있고, 세 개의 염기배열 (triplet)들이 특정한 아미노산 한 개를 가리켜 정하게 되며 대장균에서부터 사람에게 이르기까지 지구상에 있는 모든 생물세포들에 공통이라는 것을 밝혀 증명하였다.

[M. Nierenberg]

• 아서 콘버그(C. Kornberg)

모든 생물은 공통된 유전정보를 지니고 있는 한편, 각각의 세포는 다른 종류인 DNA가 들어오게 되면 이를 제한(restriction)시켜 분해·수식(modification)하여 그 고유의 종들을 유지한다는 것을 밝혔다. 제한된 효소(restriction enzyme)를 이용하여 다른 종류인 DNA 또는 화학 합성을 한 유전자(DNA)를 원하는 곳에서 절단시키거나 결합하는 데에 이용하여 유전자를 조작하는 기술이 발전하였다.

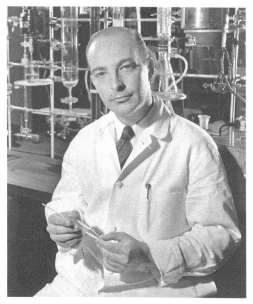

[C. Kornberg]

1) 생물의 분류 : 5계

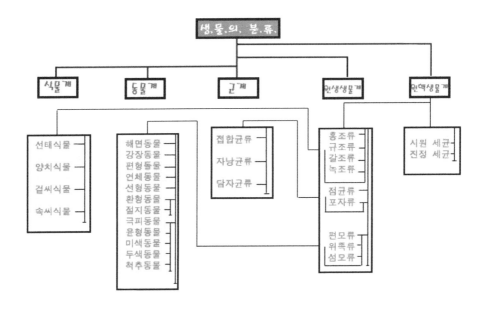

[생물의 분류]

생물은 크게 식물계, 동물계, 균계, 원생생물계, 원핵생물계 5가지로 나뉜다.

(1) 세포 핵(nucleus)의 유·무

- 세포 핵 무(無)

  원핵생물(prokaryotic cell)

- 세포 핵 유(有)

  ① 식물계 → 광합성을 통해 영양분을 섭취

  ② 동물계 → 다른 생물들을 잡아먹음

  ③ 균계 → 다른 생물 또는 생물의 사체들을 분해

  ④ 원생생물 → 나머지의 것들

■ 원핵생물(prokaryotes) vs 진핵생물(eukaryotes)

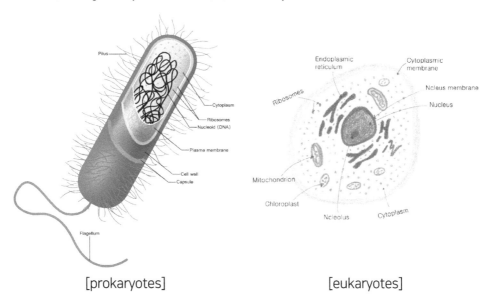

[prokaryotes]   [eukaryotes]

■ 세포 소기관(organeiles) : 미토콘드리아, 엽록체, 골지체, 리보좀

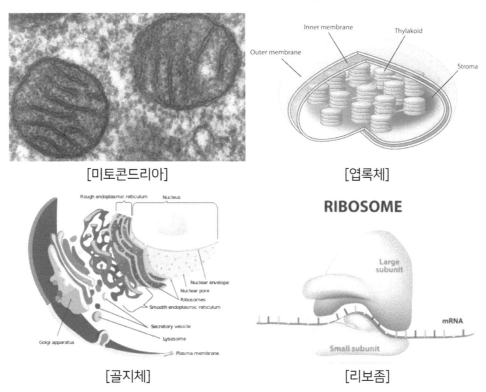

[미토콘드리아]   [엽록체]

[골지체]   [리보좀]

특징	원핵생물	진핵생물
핵	X	핵막으로 싸여 있음
소기관	X	다양한 형태들로 존재
DNA 구조	1개의 고리형 형태로 DNA를 감싸고 있는 단백질 없음	핵 안에 몇 개의 염색체가 있고, DNA가 구조 단백질(histone)으로 감싸져 있음
엽록소	존재할 때 원형질막에 녹아 있음	있을 때 엽록체의 막에 존재
리보좀	진핵생물보다 작고, 세포질에 산재해 있음	원핵생물보다 크고, 세포의 막에 붙어있거나 흩어져 있음
세포벽	일반적으로 존재하며 복잡한 화학구조 형태	유무는 종에 따라 다르며 복잡한 화학구조 형태
복제 및 생식	이분법으로 의해 분열하며 유성생식은 매우 드물다.	유사분열, 유성생식이 일반적
예	세균, 시아노 박테리아 등	진균류, 원생동물, 식물, 동물, 사람, 나머지 생명체

[원핵생물과 진핵생물의 비교표]

(2) 미생물의 크기

■ 측정 단위
① 마이크로미터(micrometer, μm, 10-6m) → 세균 이상의 크기
② 나노미터(nanometer, nm, 10-9m) → 바이러스 세포 내 기관의 크기

(3) 바이러스(Virus)

① 유전자(DNA, RNA) + 단백질 외피(coat protein)
② 바이러스는 자체 증식이 불가능하고, 생명 현상이 일어나지 않는다.
③ 숙주 내에서 생장하여 숙주세포를 파괴시킨다.
④ 바이러스 감염성 질병의 원인 → 독감, AIDS 등이 있다.

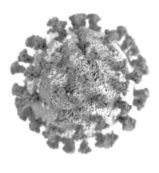

[COVID-19]

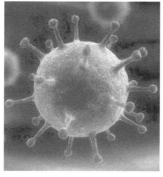

[influenza]

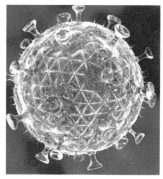

[AIDS]

(4) 세균(bacteria)

① 세균은 약 35억 년 전부터 지구상에 분포하였다.

② 북극과 남극·해저·화산 지역·사막 등의 다양한 환경에서도 존재한다.

③ 핵(핵막)이 없고, 구형/막대형/나선형으로 분류된다.

④ 영양소 요구성과 비요구성, 산소 요구성과 비요구성으로 나뉜다.

⑤ 세균은 다양한 분야에 이용되는 이로운 미생물로도 볼 수 있다. 예로 콩이나 식물에도 질소원들을 제공(질소 고정의 미생물과 공기 중의 질소 고정)한다.

⑥ 세균은 많은 질병에 관여한다.

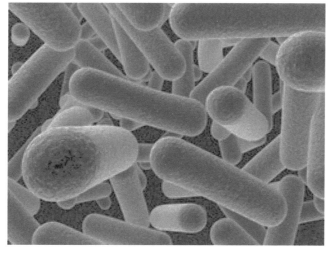

[세균]

(5) 균류(Fungi)

① 지구상의 가장 대표적이고 특징적인 유기물의 분해자

② 많은 양의 효소들을 분비하여 복합체를 분해시킨다.

③ 영양 분자를 세포막을 통해 흡수한다.

④ 균사(hyphae, 세포와 뒤엉켜 있는 사슬) / 균사체(mycelium, 균사 망상의 구조)

⑤ 일반적인 곰팡이(mold)는 균사체를 의미한다.

⑥ 효모(yeast)는 균사가 없는 단일세포의 균류이다.

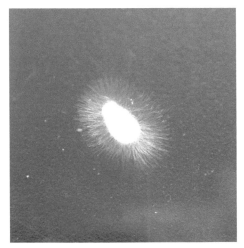

[곰팡이]

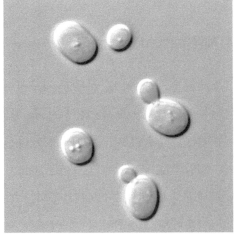

[효모]

(6) 원생동물(Protozoa)

① 하나의 세포로 구성되어 있는 현미경적인 크기의 원시적 동물이며 다세포로 구성되어 있는 조직이나 기관들을 형성할 수 없고, 하나의 세포 자체의 생활 단위를 가지는 개체이다. 원생동물을 기생충학에서는 원충이라 한다.

② 핵을 보유하며 세포질에 초미세 세포 구조물을 보유하고 있다.

③ 운동성에 따라서 분류되며 임상적으로 아메바류(amoeba, pseudomopoda)·편모충류(flagellates, mastigophora)·섬모충류(ciliates, cilophora)·포자충류(apicomplexa, sporozoa)의 네 가지 대표 집단으로 구분할 수가 있다.

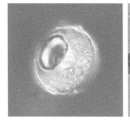
[아메바류]

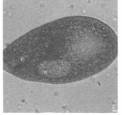
[편모충류]

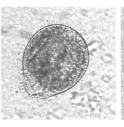
[섬모충류]

[포자충류]

(7) 조류(Algae)

① 단세포 광합성 미생물로 담수/해수에서 생장한다. 대부분은 해수에서 발견
   된다.
② 규조류(diatoms), 쌍편모조류(dinoflagellates)로 해양 먹이사슬의 토대가 된다.
③ 단세포 단백질(single cell protein)로 식품으로 이용된다.
④ 바이오 에너지 생산에도 이용된다.

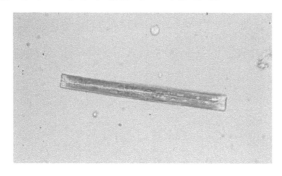
[규조류]

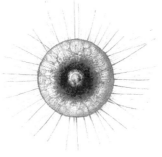
[쌍편모조류]

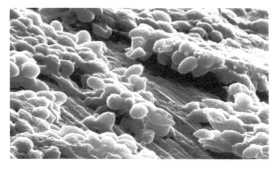
[단세포 단백질]

(8) 명명법

명명법은 생명 표본에 이름을 붙이는 체계를 말하며 1700년대 린네(Carl von Linné´)에 의해서 처음 사용되었다.

현재는 동물, 식물, 재배 식물, 원핵 생물이 독립적인 국제 명명규약을 갖고 있다. 생물 명명법의 근본적인 목표는 명명의 유일성(uniqueness), 보편성(universality), 안정성(stability)의 확보이다.

[Carl von Linné´]

① 영역(Domain) → 생물체
② 계(Kingdom) → 동물계와 식물계
③ 문(Phylum) → 동물과 동물성 미생물 · 류(division) → 식물과 식물성 미생물
④ 강(Class)
⑤ 목(Order)
⑥ 과(Family) → 고양잇과[사자(고양이속) · 펜더(펜더속)]
⑦ 속(Genus) → 고양이속(집고양이 · 사자 · 호랑이 등)
⑧ 종(Species) → 70% 이상의 동일한 DNA

■ 대표적인 명명법
  - 속명과 종명(+ 명명자의 이름)
  - 속명을 표기할 때의 첫 문자는 항상 대문자여야 한다.
  - 속명과 종명은 꼭 이탤릭체 · 밑줄이 그어져 있어야 한다.
  - 두 번 이상으로 지면에 나올 경우에 속명의 첫 대문자 이후 → 콤마(,)를 사용하여 단어를 줄여 사용

대장균	(*Escherichia coli, E. coli*)
인간	(*Homo saoiens Linne, H. sapoens Linne*)

[대표적인 명명법 예시]

8.4 장내 미생물

장내 미생물은 인간의 몸속 미생물의 대부분을 차지하며 약 4,000에서 10,000종 이상으로 존재하고, 인간 총 세포 수를 합친 것보다 10배 이상으로 많은 세포를 가진다. 장내 미생물의 유전자 크기는 인간 유전자의 150배 정도인 350만 개에 달하는 것으로 알려져 있다. 미생물을 빼놓고 인간에 존재하는 유전자를 논하기 어려울 정도로 매우 밀접한 관계를 형성하고 있어 '제2의 게놈'이라고도 불리고 있다. 장내 미생물들은 몸속 세포에게 중요한 동반자로 이들은 서로 긴밀하게 신호·자극을 주고받으면서 기능을 최대로 극대화시키는 쪽으로 진화해 왔고, 인간을 외부 환경 등에 빠르게 적응할 수 있도록 도와주고 있다.

장내 미생물들은 다음과 같이 이로운 기능들을 가지고 있다. 첫째로 인간의 면역 시스템에 관여하여 교육, 단련하여 면역 체계를 강화시키는 기능을 한다. 음식물을 섭취했을 때 외부의 항원이 장 점막을 통하여 유입이 되는데, 장 점막의 외부층에서 주로 분포하고 있는 장내의 미생물이 음식물에 포함되어 있는 미생물에 대하여 일차적으로 방어 기능을 일으키면서 빠르고 강력한 면역반응을 일으킨다. 이때 장내 미생물은 인간의 면역 시스템과 끊임없이 상호작용하여 면역 체계를 강화시킨다. 둘째, 대사 작용을 통하여 체내의 소화효소로 분해되지 않고 있는 전분·다당류를 분해하여 인간 몸에 필요로 하는 에너지 공급을 돕고, 비타민·엽산·단쇄 지방산 등의 필수적인 영양소들을 공급한다. 또 콜레스테롤과 쓸개즙·약물의 대사 과정에도 관여하여 여러 대사산물을 만들어 낸다. 셋째, 유전자

발현에서 스위치 역할을 하여 발현을 조절한다. 부모에게서 좋지 않은 유전자를 물려받아도 유익한 장내 미생물을 가지며 몸에 좋은 음식물을 습관적으로 섭취하면 유전자의 스위치가 켜지지 않고, 발암 유전자의 발현을 억제할 수 있다.

1) 장내 미생물의 조성

장내 미생물이 조성될 때 유전적인 요인들뿐만 아니라 식습관이나 항생제의 오남용 또는 스트레스와 같은 환경적인 요인에 의해서 변화할 수 있고, 특히 생활에서 식습관은 결정적 역할을 한다. 곡류나 채식 위주로 구성되어 있는 우리나라의 전통 식단은 적절한 열량을 공급하면서 풍부한 비타민과 무기질·섬유질이 포함되어 성인병의 발생 위험이 낮은 편에 속한다. 하지만 갈수록 서구식의 식단이 보편화되어 동물성 지방과 단백질·정제당·단순당의 과잉 섭취 그리고 비타민·무기질·섬유질의 결핍 등과 같은 영양의 불균형이 초래되고 있고, 성인병의 발생률은 과거에 비해 크게 증가하였다. 이러한 음식물 섭취 방식의 변화는 유해한 장내 미생물들의 증식을 촉진시켜 장 건강의 악화를 초래할 수 있고, 이와 관련한 대표적인 장질환으로는 염증성 장질환·대장암을 들 수 있다. 항생제의 오남용도 장내 미생물의 조성에서 영향을 미칠 수가 있는데, 항생제의 투여를 시작한 지 불과 며칠 만에도 장내 미생물들의 다양성이 감소하였고 조성이 변화되면서 경우에 따라서 장내 미생물이 항생제에 내성을 가지게 된다. 스트레스 같은 경우에도 장 점막을 파괴하고 장내 미생물의 불균형을 초래하여 세로토닌·도파민 등의 신경전달물질 결핍을 야기할 수 있고, 우울증·자폐증·ADHD·치매 등을 유발한다. 장내 미생물은 앞서 언급된 질환들 외에 기능성 장질환·과민성 장증후군·항생제 유발 장염 등과 같은 다양한 장질환뿐만 아니라 신경정신질환·지방간·당뇨·비만·동맥경화·알레르기질환·암 등 몸 전신에 큰 영향을 미칠 수 있다. 장이 간·뇌·신장 등 다양한 장기들과 상호작용하기 때문이다.

2) 프로바이오틱스(Probiotics)

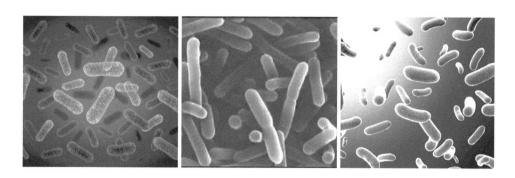

[유산균]

프로바이오틱스(Probiotics)는 홍삼·비타민제에 이어서 국내 전체의 건강기능
식품 중에 세 번째 비중을 차지하고 있다. 가장 흔히 사용되고 있는 균주로는 락
토바실러스와 비피도박테리움이고, 단일 혹은 여러 균주를 조합하여 사용하고 있
다. 하지만 어떤 질병의 어떤 균주를 사용할 것인지 또는 균주의 수가 얼마나 되
어야 하는지, 균주의 가공이나 보관 방법에 있어 가장 적절한 방법은 무엇인지에
대해 현재까지 명확하게 정립된 바는 없다. 프로바이오틱스(Probiotics)는 인산의
인체에서 병원성·독성이 없어야 하고, 위산·소화효소에 의해서 분해되지 않으
면서 살아 있는 상태 그대로 소장까지 도달하여 장 안에서 증식하며 정착 가능해
야 한다. 프로바이오틱스(Probiotics)의 조성에 따라서 신체에 미치게 되는 영향
력이 다를 수 있고, 중환자·심각한 면역 저하자들에게는 추천하지 않으며, 부작
용이 흔하게 있지 않지만 일부 복부 팽만감이나 가스가 생성되는 부작용 등이 발
생할 수 있기 때문에 선택에 유의해야 한다.

3) 마이크로바이옴(microbiome)

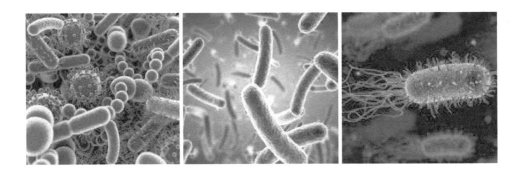

[유산균]

마이크로바이옴(microbiome)은 마이크로바이오타(microbiota)와 게놈(genome)이 합쳐져 만들어진 합성어이며 인간·동·식물·토양·바다·호수·암벽·대기 등의 모든 환경에서 서식하고 공존하는 미생물들과 그 유전정보 전체를 포함하고 있는는 미생물 군집이라 할 수 있다.

마이크로바이옴(microbiome)은 우리와 공생하고 있는 '생태계'이다. 생태계도 중요하지만 공생은 서로 주고받음을 통해 상생하는 추구 관계이다. 공생 관계가 잘못되었을 때 비만, 당뇨와 같은 대사질환에서부터 자폐, 치매에 이르는 정신질환까지 모두가 겪고 있는 많은 질병이 바로 공생의 부재에서 온 것일 것이다.

(1) 마이크로바이옴(microbiome)의 구성원

마이크로바이옴(microbiome)은 다양한 미생물 종류로 구성된다. 이들은 박테리아, 아케아, 곰팡이류와 원생생물로 크게 나눌 수 있다. 생물과 무생물의 중간이라 할 수 있는 바이러스까지 포함한다. 우리 인체에는 이러한 다섯 가지 종류의 미생물이 모두 살고 있다. 그중에서도 세균(박테리아)이 가장 많고 중요하다. 그래서 마이크로바이옴(microbiome)에 대한 연구의 대부분은 세균에 대한 것이라 해도 무방하다.

마이크로바이옴(microbiome)의 개체 수는 우리가 가진 세포의 수를 능가한다. 최신 연구에 따르면 몸무게가 70kg인 성인을 기준으로 미생물의 수는 약 38조 개, 사람의 세포는 그보다 20% 정도 작은 약 30조 개다. 마이크로바이옴이 사람보다 10배 더 많은 세포로 되어 있다.

(2) 마이크로바이옴(microbiome)의 역할

마이크로바이옴은 구강이나 피부 등에서도 발견되지만, 그 숫자로 살펴보면 대부분이 대장에서 살고 있다. 대장은 일종의 닫힌 생태계로 볼 수 있으므로, 마이크로바이옴은 전적으로 우리에게 의존하게 되는 것이다. 우리가 소화를 하지 못하고 남긴 음식물들과 우리가 직접 만들어 주는 점액질과 같은 물질들이 이들의 먹이가 된다.

마이크로바이옴(microbiome)의 중요한 점은 무얼 먹는지가 아니라 무엇을 내뱉느냐이다. 마이크로바이옴은 1,000가지 이상의 다양한 물질들을 생성하는데 이것이 대장벽을 통하여 우리의 핏속으로 들어온다. 그다음으로는 이 고속도로를 타고 뇌, 간 등 어떠한 장기에도 쉽게 다다를 수 있다. 그곳에서 무슨 일이 일어나는지에 대해서는 전 세계 연구자들이 연구하고 있으므로 기다려 보면 하나씩 밝혀질 것이다.

또 다른 중요한 활동으로는 우리 면역계를 훈련시키는 것이다. 훈련이 잘 되지 않으면 아군이 아군을 공격하는 형태의 '자가면역질환'이 발생할 수도 있다. 천식, 아토피, 감상선 기능 항진증, 알레르기 등 의외로 자가면역질환은 그 종류가 많다. 이것은 모두 식생활이 서구화되고 위생이 좋아지는 것과 연관이 있다. 마이크로바이옴이 우리 면역계를 잘못 가르치지 않도록 하는 것이 중요하다.

[자가면역질환]

    바이러스, 세균, 이물질 등 외부의 침입자로부터 내 몸을 지켜줘야 할 면역세포가 오히려 자신의 몸을 공격하는 병이다. 인체에서 모든 조직과 장기에 걸쳐 자가면역이 나타날 수 있다. 주로 증상이 발현되는 곳은 갑상선, 췌장, 부신과 같은 내분비기관, 적혈구, 결체조직인 피부, 관절, 근육 등이 있다. 면역세포들이 우리 몸의 어떤 부위를 공격하는가에 따라서 증상과 질병은 다양하게 나타난다.

    전신의 모든 세포가 공격의 대상이 되기도 하며, 특정 장기의 세포만 파괴하기도 한다. 또 류머티즘성 관절염과 같이 특정 장기나 전신을 그때마다 선택적으로 침범하는 등 100여 개 정도의 질병이 있다. 자가면역질환은 남성에 비해 여성이 약 4배 정도 많다. 유럽이나 북미주는 전체 인구의 약 5%가 자가면역질환을 앓고 있으며, 주로 20~50세에 발병한다.

8.5 피부 미생물

    피부 장벽(Skin Barrier)이 제대로 기능을 한다는 것은 인간 건강에 있어서 꼭 필요한 부분이다. 피부 장벽의 구성 요소인 각질층의 각질형성세포는 외부 환경이 변화할 때마다 호르몬과 신경전달물질 사이토카인 등을 생산하여 몸 전체를 적응하는 데 중요한 역할을 한다. 이러한 역할을 하는 데 있어서, 피부의 미생물은 각질형성세포가 성숙하도록 도움을 주고, 몸 전체의 면역 체계를 조절하는 데 영향을 끼친다. 따라서 피부에서의 미생물 변화는 피부질환뿐만 아니라 다른 염증질환(non-communicable diseases, NCD)도 발생시킬 수 있다. 실제로 각질층에서의 미생물 교란(disturbance)는 건선, 홍조, 피부 알레르기, 피부 노화, 여드름 등과 관련이 있다고 알려져 있다.

1) 피부 미생물의 역할

인간의 피부에서 주로 서식하고 있는 4가지의 종은 다음과 같다. 후벽균 (Firmicutes), 의간균류(Bacteroidetes), 프로테오박테리아(Proteobacteria)와 방선균(Actinomycetales). 하지만 한 개체 내에서도 피부 미생물의 조성은 환경마다 매우 다양하다. 예를 들어 유분이 많은 지역은 프로피온산균(Propionic)와 포도상구균(Staphylococcus) 종이 많이 서식하고, 수분이 많은 곳은 코리네세균(Corynebacteria)과 포도상구균(Staphylococcus) 종이, 건조한 곳은 여러 종과 함께 베타프로테오박테리아(Betaproteobacteria) 표피포도구균과 플라보박테리움목(Flavobacterial) 종이 주로 서식한다. 이처럼 개개인에 따라 다르고, 그 개인에 따른 영양 상태, 나이, 건강 그리고 주변 환경 등에 따라서 달라질 수 있다.

세균 후벽균(Firmicutes) 중에서도 표피포도구균(Staphylococcus epidermidis)은 호기성 환경에서의 90% 이상을 구성한다. 이 박테리아는 항염증 작용을 가지며, 황색포도상구균의 균주 등 병원성 세균의 번식을 막는 장벽의 역할을 돕는다. 이의 작용 기전은 항세균성 펩타이드인 박테리오신을 생산하여 염증 물질인 사이토카인(Cytokine) 생성을 막고, 또한 치밀이음 단백질 발현을 돕는 등의 방식으로 피부 장벽을 단단하게 하여 면역작용에 도움을 준다. 이러한 작용들은 각질 세포와 다른 면역 세포에 존재하는 선천적 면역 수용체들(Innate immune receptors)을 매개로 이루어진다. 따라서 다른 장기와 마찬가지로 피부의 선천적 면역계는 인간과 미생물의 상호작용으로 인하여 이루어진다 할 수 있으며, 이는 피부 면역의 항상성 컨트롤에 있어서 중요한 요소라 할 수 있다.

2) 면역 조절의 연관성

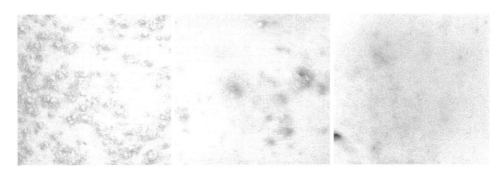

[피부 염증]

인간의 피부는 스테로이드 호르몬과 펩티드 호르몬, 그리고 피지나 땀 등을 통해 분산되는 신경전달물질을 생산 및 대사의 역할을 한다. 이런 물질들은 피부의 미생물과 접촉하고 그들의 부착과 성장, 그리고 독성 등과 관련이 있다. 예를 들면 심리적으로 스트레스를 받는 상황에서는 P물질 생산이 증가하고, 피부 미생물의 변화가 야기된다. 증가된 P물질은 여드름, 습진, 피부장벽장애를 발생시킬 수 있다. 감각을 느끼는 세포 앞에 위치한 표피의 각질 세포는 여러 가지 다양한 호르몬과 신경전달물질을 생산해 내며 우리 몸 전체에 영향을 미치고, 심지어 기분에까지도 영향을 미친다. 이것은 물리적인 스트레스와 자극에 반응할 뿐만 아니라, 스테로이드 호르몬을 생산하며 독립적인 기관으로 작용한다는 것을 의미한다. 피부가 건조해지거나 피부장벽에서 장애가 발생하여 피부가 스트레스를 받게 되면, 피부 표면에 있는 스테로이드 호르몬의 합성이 증가하여 염증 유발 사이토카인 IL-1β의 활성을 시키고 염증 반응을 일으킨다.

지금까지는 인식되지 않고 있던 이러한 피부의 기능들은 피부가 환경 변화에 적응하고, 피부 미생물의 역할(독립적으로, 혹은 장내 미생물과 서로 상호작용하며)에 대해 의문을 가지게 하는 중요한 역할을 하였음을 할 수 있다. 피부에서 미생물의 역할은 단지 피부에서만의 역할뿐만 아니라 우리 몸 전체를 아우르는 역할을 한다 할 수 있다.

이미 피부의 미생물이 병원균의 침입을 막고, 염증 반응의 억제와 면역 증강, 항상성, T cell의 분화, 혈관 신생성 등에 관여하면서 선천적 면역과 후천적 면역에 관여하고 있다는 사실은 자명하다. 실제로 피부에 미생물이 없는 쥐에서는 공생하는 미생물이 없기 때문에 사이토토카인의 생산이 현저히 증가할 뿐만 아니라 종양 억제 인자의 기능 또한 떨어지는 것이 관찰된다.

피부의 미생물이 영향을 주는 국소적인 면역 물질 생성은 피부에만 국한되는 것은 아니며, 우리 몸 전체의 면역에 영향을 끼친다. 비병원성 세균이 많은 시골 환경에서의 노출되는 것은 인간에게 알레르기 반응을 억제하는 것과 관련이 있다고 밝혀졌다. 특히 임신했을 때의 어머니로부터 세균에 노출되는 것도 자식의 알레르기 반응 감소와 연관되어 있다. 독일의 시골 지역에서 분리한 아시네토박터균(Acinetobacter) 류오페이를 임신한 동물의 코에 투여했더니, 자손 세대의 알레르기 반응의 일종인 천식 발생을 예방할 수 있다는 결과가 있다. 이는 미생물이 유도한 IFN gene의 변화로 인한 Type 1 T helper(Th1) cell의 영향으로 알려져 있다. 동물 모델에 열로 약독화한 A. lwoffii를 피부 내로 주입하는 것은 Th1 cell과 항염증 효과를 가지는 IL-10이 알레르기(Allergy)와 폐염증(Lung Inflammation)에 방어 효과를 가진다. 이것은 피부에 공생하는 미생물이 우리 몸 전체 면역계의 반응을 조절한다는 것을 알려 주는 증거이다.

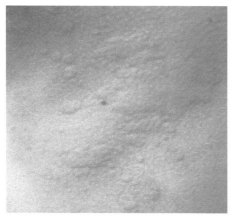

[알러지]

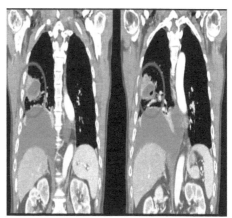

[폐염증]

3) 알레르기(Allergy) 질환의 피부 장벽 파괴

[습진]

습진은 알레르기 반응의 가장 빈번하며, 표피의 장벽이 무너지는 것과 가장 연관성이 깊은 질병이다. 또한, 무너진 피부 장벽은 알레르기 유발 물질에 대한 감수성을 증가시키고, 실제로 심한 조기 습진을 앓는 아이들은 Ig E의 감수성이 증가된다. 이는 알레르기를 유발하는 항원이 무너진 피부 장벽의 기저 구조물을 통하여 이동하면서 발생한다. 습진은 프로필라그린을 기록하는 FLG 유전자의 돌연변이와 연관이 있는 것으로 알려져 있다. 피부에 Corynebacterium jeikeium이 풍부한 사람은 FLG 유전자의 마이너한 대립 유전자를 가지고 있다. 물론 유전자의 돌연변이가 표피에 영향을 주더라도, FLG 유전자 하나만으로는 전 세계적인 습진과 알레르기 증세가 증가되는 현상에 대한 충분한 설명이 불가능하다. 실제로 쌍둥이를 이용하여 수행한 실험에서 피부 미생물은 유전적인 면과 환경적인 면이 함께 복합적으로 작용하여 피부 장벽의 기능에 영향을 미친다는 것을 말해 주고 있다.

황색포도상구균의 군집화와 줄어든 미생물의 다양성은 습진을 가진 환자 중 90% 이상에서 관찰된다. 특히 피부에서 S. aureus는 세린 단백질가수분해효소를 형성하여, S. aureus의 생물막을 파괴하는 역할을 수행하는 S. epidermidis의 사멸을 유도한다. 이는 S. epidermis를 포함한 포도상구균의 종이 습진 증상을 가진 유아에게서 감소한다는 이유를 설명한다고 할 수 있다. 따라서 습진 환자로부터 피부 장벽을 개선하는 것과 피부에서 S. aureus균을 감소시키는 것은 습진 개선과 큰 연관을 가진다고 할 수 있다. 이에 대한 정확한 기전은 아직 밝혀지지 않았으며, 이 내용들을 종합해 보면 습진 환자에게 S. epidermidis와 같은 protective strain을 주입시키는 것은 좋은 전략이 될 수 있다.

4) 두피 미생물

인간의 두피에는 다양한 미생물들이 균형을 이루며 살고 있다. 미세먼지나 화학 용품 등의 노출은 두피 미생물 밸런스를 깨뜨리는 데 영향을 주고, 두피 미생물들의 밸런스가 깨지게 되면 두피와 모근을 손상시키고 비듬·염증·가려움증을 유발하며, 탈모·지루성 피부염·건선·백선·여드름 등 두피 질환이 발생할 수 있다.

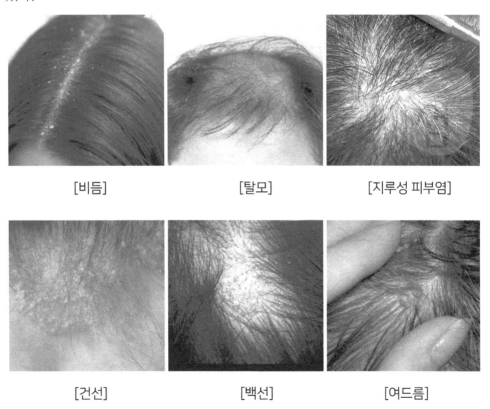

[비듬]　　　　　[탈모]　　　　　[지루성 피부염]

[건선]　　　　　[백선]　　　　　[여드름]

(1) 두피에서 발견되는 미생물

■ 두피 미생물의 종류

① 세균 미생물 : Bacillus altitudinis, Staphylococcus epidermidis 등이 있다.
- Bacillus altitudinis
  알칼리성 단백질가수분해효소(alkaline protease)를 생산하는 것으로 알려져
  있고, 이 단백질가수분해효소는 모발의 구조나 강도에 영향을 준다.
- Staphylococcus epidermidis
  표피포도상 구균으로 인체 피부 및 점막 표면의 건조한 곳에 널리 분포하고
  있으며 두피에도 존재한다. 각종 감염증을 일으키는 균이다.

② 진균 미생물 : Malassezia furfur, Aspergillus brasiliensis, Aspergillus sydowii
  등이 있다.
- Malassezia furfur
  인간의 피부에서 가장 흔하고 많이 관찰되는 진균이다. 인종이나 거주 환경,
  개인 생활습관 및 신체의 부위에 따라서 차이가 있고, 또 두피에 상재하는
  균으로 다양한 피부질환 및 지루성 피부염·비듬 발생의 원인균으로 알려져
  있다.
- Aspergillus sydowii
  곰팡이성의 피부 병변에서 발견되는 미생물로 손톱곰팡이증·발톱곰팡이증
  등의 원인균으로 알려져 있다.

5) 치료

　인간의 미생물 환경을 개선할 수 있는 방법으로는 전적으로 환경적인 요인과 개인적인 요인에 달려 있다. 항생제를 과다 사용하는 것은 인간이 자연 세계에 영향을 미칠 수 있음을 의미한다. 항생제 과다 사용으로 인하여 내성균이 발생한다면, 이 내성균은 인간 건강에 큰 영향을 줄 수 있다. 이러한 현상은 특히 신생아와 같이 아직 면역 체계가 발달하지 않은 대상에게는 더 치명적일 수 있다. 따라서 이러한 취약 대상에게 항생제의 투여가 필요한 상황이라면, 항생제를 단독으로 투여하는 것보다는 유산균과 프리바이오틱스(유산균의 먹이)를 함께 투여해 주는 것이 좋다. 또한, 목욕하는 습관도 피부 미생물에 영향을 줄 수 있다. 위에서 언급한 것처럼 과도한 계면활성제의 사용을 자제하는 것이 좋다.

　글루코만난(Glucomanan)과 같은 프리바이오틱스(Prebiotics)의 복용은 병원성 세균의 번식을 막아줄 수 있어서 여드름의 병변 개선 및 알레르기 개선에도 효과가 있다는 결과도 있다. 이와 함께 유산균 섭취만으로도 코의 장벽 미생물을 비롯하여 피부에도 영향을 미칠 수 있다.

　대변으로부터 미생물을 추출하여 피부에 이식하는 방법도 있는데 실제로 아토피를 유도한 동물 모델에 인간의 대변에서 추출한 미생물을 이식하였더니, 피부 장벽을 강하게 할 뿐만 아니라 면역 체계를 강하게 해 준다는 결과가 있다. 실제로 피부 진정 화장품에 비병원성 세균인 비트레오실라 필리포미스(Vitreoscilla filiformis)를 피부에 적용시켰더니, 피부의 미생물 환경을 개선시키며 기능 개선과 더불어 습진 발생의 빈도도 줄었다고 한다.

8.6 미생물의 증식과 대사

1) 세균의 증식과 영양

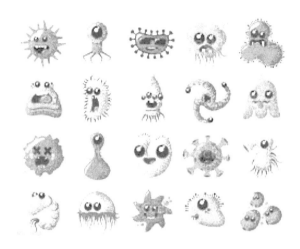

[세균 및 박테리아]

(1) 세균의 특징 및 구조

현재의 세균류들은 지구상에서 두 번째로 번성한 생물군에서 살아남은 것이라 할 수 있다. 약 40억 년 전의 것으로 보이는 세균류의 화석들은 그 사실을 더욱 확실하게 한다. 한편 세균류들은 처음 지구상에 출현한 후에 몇억 년 동안의 환경 변화에 적응하며 생화학적인 진화를 하였다. 오늘날의 세균류가 다양한 작용들을 한다는 것은 이러한 생화학적인 진화의 결과라고 볼 수 있다. 세균 세포의 세포벽은 탄수화물·아미노산으로 이루어져 있는 매우 얇은 막이다. 세포벽에 세포핵은 없지만 핵 부위라고 칭하는 부분 속에 핵물질이 들어 있는 경우도 있다. 이 부분에서 보통은 생물의 세포핵과 구조적인 차이를 보이기 때문에 핵양체(nucleoid)라고 한다. 특히나 대장균(E. coli) 등에서는 DNA의 사슬이 둥근 고리 형태로 존재하는데 이것은 1개의 염색체에 해당되고, 일반 히스톤과 같이 일반 염색체에서 볼 수 있는 단백질이 없다.

세균의 몸은 단세포이면서 길이는 1 μ (1/1000mm) 정도이고, 넓이는 이것의 1/2~1/7 정도이다. 종류로는 길쭉하게 생긴 막대 모양인 간균과 둥근 모양의 구균 그리고 나선형인 나선균 등이 있다. 세균은 크기가 매우 작을 뿐만 아니라 세포의 구조도 원시적이어서 보통의 생물체 세포에서 보이는 막으로 둘러싸여진 핵·미토콘드리아·골지체 또 색소체나 액포(vacuole) 등은 존재하지 않는다. 그러나 성장이 빠르고. 다양한 생화학적 역할을 가지고 있으며, 환경에 익숙하게 적응할 수 있다. 세균류는 지구상에 있는 어느 곳에서든 부생·기생·공생 또는 독립생활을 하면서 살아가고 있다. 이 중에 다른 생물체나 그 생산물에 의지하면서 생활하는 경우는 복잡한 유기물 분해에 의해 생활에 필요로 하는 에너지들을 얻는데, 즉 분해자로서의 자연 생태계를 유지하는데 중요한 역할이다.

• 세균의 구조

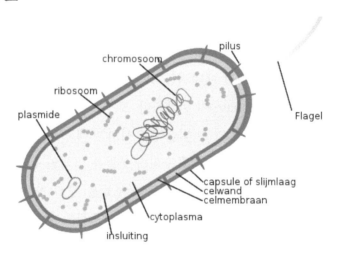

[세균의 구조]

세균의 세포는 원형질막으로 감싸져 있다. 이 막은 세포들의 기관을 둘러싸고 세포의 질에 있는 양분과 단백질, 다른 여러 가지 필수 요소들이 쉽게 빠져나가지 못하도록 하는 하나의 벽으로도 작용을 하고 있다. 원핵생물인 세균은 세포질에서 막으로 감싸져 있는 기관들을 갖지 않고, 크기는 크지만 소수의 구조들을 세포

내에 가지고 있다. 세균은 진핵 생물과 반대로 핵막이나 미토콘드리아·엽록체 같은 세포 기관도 가지지 않는다. 세균은 한때 단순한 세포질이 다량으로 뭉쳐져 있는 것이라고 인식되었으나 원핵세포 골격 같은 구조물과 더불어 복잡한 특징을 가지게 해주고, 또 특정 세포질 내의 공간에 존재하는 단백질들의 위치를 확인하게 되면서 그렇지 않다는 것을 알게 되었다. 이러한 세포 이하 수준의 조직을 세균 하이퍼 스트럭처(bacterial hyperstructure)라 일컫는다.

카르복시솜(carboxysome)과 같은 세균 미소 구획은 좀 더 높은 수준을 가지는 조직을 제공한다. 이는 다면체의 단백질 껍질에 둘러싸여진 하나의 구조다. 이러한 다면체(다각형의 면이 둘러싸여져 있는 입체 도형)의 세포 기관은 세균의 물질대사들을 다른 조직에 효과나 작용을 주지 않도록 기준에 따라 나누고 국한시킨다.

많은 필수적인 생화학 반응은 세포막을 넘어 농도의 기울기를 이용하여 일어나는 것이다. 세균은 세포막에서 에너지를 얻는데, 세포막에 전자전달계에 존재하고 있는 ATP 합성 효소(synthase)가 존재한다. 또 대부분의 광합성 세균들에서 원형질막은 빈틈이 없이 감싸져 있고, 빛을 흡수시키는 세포막의 층과 함께 거의 모든 세포 공간을 차지한다. 이러한 광흡수의 구조들은 녹색인 유황 세균의 엽록소체(Chlorosome)같이 지질로 둘러싸여 있는 구조들을 형성 가능하다. 다른 단백질들의 경우 세포막을 건너서 양분을 가져오며 세포질에 필요가 없는 분자들을 밖으로 내보낸다.

(2) 세균의 형태와 분류

- 영양과 배양 조건에 따른 차이
  크게 구균(coccus, spherical shape bacteria), 간균(bacillus, rod shape bacteria), 나선균(spiral shape bacteria)으로 나뉜다.

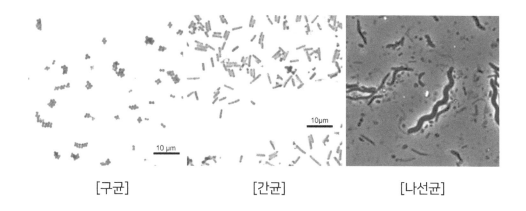

[구균] [간균] [나선균]

- 구균(coccus)

① 단구균(Monococcus) : 분열 후 세포가 각각 떨어져서 존재한다.

② 쌍구균(diplococcus) : 분열 후 2개씩 연결된다.

③ 사련구균(pediococcus, tetracoccus) : 2개의 방향으로 분열된다.

④ 팔련구균(Sarcinacoccus) : 3개의 방향으로 분열된다.

⑤ 연쇄상구균(Streptococcus) : 한 방향으로만 분열하며 길게 연결된다.

⑥ 포도상구균(Stephylococcus) : 분열 방향이 불규칙하여 포도송이와 같은 모양이다.

- 간균(bacillus)

① 단간균(shirt rod) : 길이가 폭 2배 이하인 것을 말한다.

② 장간균(long rod) : 길이가 폭 2배 이상인 것을 말한다.

③ 연쇄상 간균(streptobacillus) : 간균이 한 방향으로 길게 연결된 것을 말한다.

④ Coryne형 : 세포가 V/Y/L자 모양으로 연결된 것을 말한다.

⑤ 각형 : 탄저균(Bacillus anthrasis)

⑥ 예각 : 초산균(Acetobacter aceti)

⑦ 가성분기 : Sphaerotilus는 균초에 싸여 있다.

⑧ 방추형 : Clostridium속

⑨ 주걱형 : Clostridium속 C. tetani

- 나선균(spirillum)

  ① 호균(vibrio) : 짧은 쉼표 모양의 만곡형, Comms type Vibrio이다.

  ② 나선균(Spirillum) : S자형의 긴 나선형이다.

  ③ Spirochaete : spirosoma → 파상형, treponema → 심한만곡, leptospira
  → coil 모양

(3) 세균의 크기(Sizes of Bacteria)

세균은 단세포 생명체로 세포핵이 없고, 보통의 크기(0.5μm~0.5mm)이다.
배양 조건이나 배양 시기에 따라 세균의 크기는 모두 다르다.
비중은 물보다 크며(E. coli-1.07), 일반적으로 Young cell 〉 Old cell 순이다.

(4) 세균의 물질대사

세균은 크게 혐기성균과 호기성균으로 나뉜다.

- 혐기성 세균
산소를 매개로 에너지를 만들지 않고 발효를 하면서 부산물로 알코올과 같은
산화물들을 배출한다. 혐기성 세균들을 이용하여 발효식품(김치, 된장 등)을
만들거나 술을 담그기도 한다.

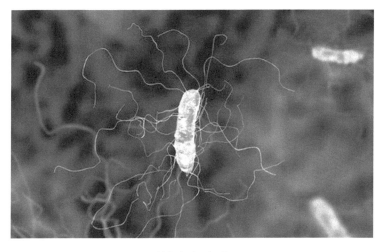

[혐기성 세균]

• 호기성 세균

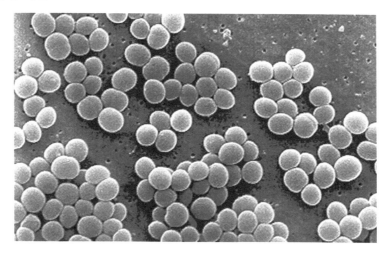

[호기성 세균]

고등생물과 마찬가지로 산소를 매개로 한 호흡을 통해 에너지를 얻는다. 어떤 세균들은 환경에 따라 호기성 세균이 되기도 하고 혐기성 세균이 되기도 한다.

(5) 세균의 생태

단일세포 또는 그들의 집락(colony)을 알맞은 배지에 접종시켜 온도·습도 및 공기의 공급을 적당한 조건으로 맞춰 발육시키면 수 시간 또는 수일 내에 육안으로 볼 수 있을 정도로 큰 집락을 형성한다.

• 세균의 발육

첫째, 세포 분열 또는 증식의 과정

둘째, 세포군의 발육으로 크게 나눌 수 있다.

대부분의 세균 증식은 DNA 복제에 이어 단백질이 양적으로 증가하고 세포가 2등분되는 간단한 횡분열(세포가 분열할 때 가로로 갈라져 두 개의 개체를 형성)에 의해 일어난다.

세균 한 세대의 생활 기간은 다른 생물에 비하여 매우 짧은 것이 특징이고, 대장균(coliform bacillus)은 20분 정도의 짧은 시간에 한 세대가 끝난다. 그러나 세균의 종류와 발육 환경에 따라 세균의 발육 정도는 달라지기도 한다.

배지의 종류에 따라 차이가 있지만 1ml의 배지 속에서는 3~40억의 밀도로 증식할 수 있는 것도 있고, 자원생물로서의 개발 연구에 이런 특징이 중요시되고 있으며 이용된다.

(6) 세균 생리

간단한 무기물질만 있으면 에너지원으로 쓰는 동시에 자기 몸 구성에도 이용하는 독립 영양 세균(Autotrophs)과 혼자 합성을 못 하지만 이미 다른 생물이 합성한 물질을 이용만 할 수 있는 종속 영양 세균(Heterotrophs) 및 다른 생물체에 기생해야만 증식이 가능한 기생 영양 세균으로 나뉜다.

세균의 발육에는 각종 영양원과 함께 온도, 습도, 산소의 존재는 매우 중요한 역할을 한다.

① 저온성 세균 : 20℃ 이하에서 잘 자라는 세균 무리
② 고온성 세균 : 55~60℃에서 잘 자라는 세균 무리
③ 중온성 세균 : 그 중간 온도에서 잘 자라는 세균 → 동·식물에 기생하는 무리는 거의 여기에 속함.

산소 공급이 있어야 증식할 수 있는 호기성 세균, 증식에 산소가 필요 없는 것은 혐기성 세균, 산소 공급에 영향을 받지 않는 무리는 조건부 혐기성 또는 통기성 세균이라 한다.

수소이온농도(pH)도 세균의 발육에 큰 영향을 끼치며 세균은 일반적으로 높은 삼투압 아래에서는 생육하기 어렵다. X선 / Y선 / 이온화성 방사선은 세균의 사멸 및 변이를 일으킨다.

(7) 세균의 성장(증식)곡선

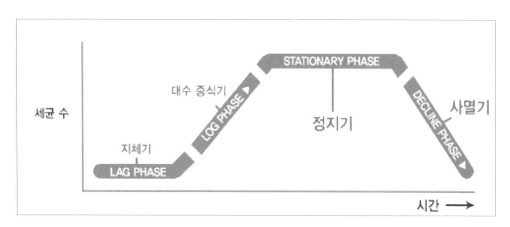

[세균의 성장곡선]

　세균은 일정한 속도로 증식되어 가는데 이때 배양액 중의 균수를 측정하여 그 래프로 나타낸 것을 성장(증식)곡선(Growth curve)이라 한다. 이런 조건에서 세 균의 성장은 단지 일정 기간 지수적 증가를 유지하다가 점차 영양분의 고갈과 노 폐물 축적 및 pH의 변화에 의해 성장이 감소되고, 성장이 멈춰 사멸하게 된다. 세 균의 성장(증식)곡선은 크게 지체기(유도기), 대수 증식기(지수적성장기), 정지 기, 사멸기 4단계로 구분된다.

① 지체기(또는 유도기), lag phase
　미생물이 새로운 환경에 적응하는 단계로 균수의 증가는 거의 없으며, 세포 구성 물질, 효소, 핵산 등의 합성이 증가하는 시기이다.

② 대수 증식기(또는 지수적 성장기), logarithmix phase
　세포가 기하급수적으로 증가하는 시기로 세포의 생리활성도 높고, 최대 속도 로 분열하여 균수는 대수적으로 증가한다. (증식 속도 〉 사멸 속도인 시기)

③ 정지기(stationary phase)

새로운 세포의 증식 속도와 사멸 속도가 같게 되는 시기로 실질적으로 생균 수는 일정하다. (증식 속도 = 사멸 속도인 시기) 이는 영양물질의 고갈과 대사산물의 축적에 의해 증식이 저해받기 때문이다.

④ 사멸기(death phase)

영양물질의 고갈과 대사산물의 축적이 진행되어 증식 속도 〉 사멸 속도인 시기이다. 생균 수는 감소하고 자기용해(autolysis)가 일어나는 시기이다.

(8) 세균과 질병

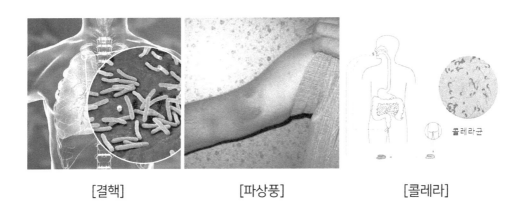

[결핵]   [파상풍]   [콜레라]

질병과 관련된 세균으로는 결핵균, 파상풍균, 콜레라균 등이 있다.

위와 같은 균들은 체내에 감염되면 빠른 속도로 퍼지며 공기나 물, 음식 등으로 점염될 가능성이 높기 때문에 매우 위험하다.

세균에 따라 인간의 신체 중에 어느 부위에 존재하느냐에 따라 병원균이 되기도 하고, 병원균이 아닐 수도 있다. 예를 들어 피부, 구강, 대장, 질 등에 존재하는 균들은 인간과 공생하며 병을 일으키지 않는다.

(9) 세균에 의한 감염증

① 살모넬라균 감염증(Salmonellosis)

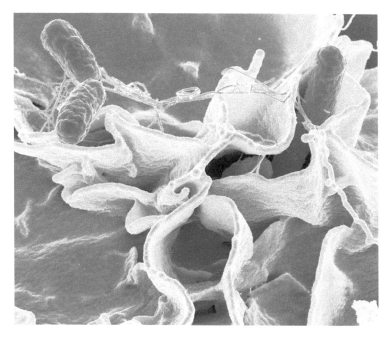

[살모넬라균]

살모넬라 감염증(Salmonellosis)은 비(非)장티푸스성의 살모넬라균 감염에 의해 발병하는 급성 위장관염이다. 오염된 음식이나 물 등을 섭취하거나 오염된 분변에 접촉하게 되는 경우 감염이 되고, 6~48시간의 잠복기를 거쳐 발열이나 오심·두통·구토·설사·복통 등의 증상을 나타내는데, 이러한 증상들은 수일(數日)에서 일주일까지도 지속된다. 진단은 감염되어 있는 환자의 대변을 검사해 비(非)장티푸스성 살모넬라균을 검출하여 확진(確診)하게 된다.

② 장염비브리오균 감염증(Vibrio parahemolyticus gastroenteritis)

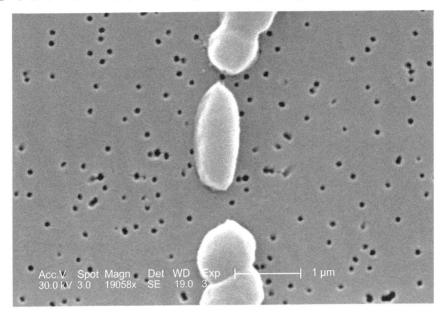

[장염비브리오균]

장염비브리오균 감염증은 장염비브리오균의 감염에 의해 발병하는 급성 위
장관염으로 비조리 어패류, 혹은 충분히 익히지 않은 어패류를 섭취하거나
조리 과정 중 교차 오염된 음식을 섭취하는 경우에 감염된다. 보통 9~25시
간의 잠복기를 거쳐서 복통 ·설사·구토·오심·두통·발열 등의 증상을 보
이고, 감염된 환자들 중 1/4에서는 혈성 또는 점성 설사, 고열, 백혈구 수치
상승 등 세균성 이질과 비슷한 임상 양상을 보이기도 한다. 진단은 환자의
대변 속에서 장염비브리오균을 검출하여 확진한다.

③ 장독소성 대장균 감염증(ETEC)

장독소성 대장균 감염증은 장독소성 대장균의 감염에 의해 발병하는 급성 위장관염으로 오염되어 있는 음식이나 물을 섭취했을 때 감염되며, 분변-구강의 경로를 통한 전파는 드물다. 1~3일의 잠복기를 거친 후에 설사와 복통이나 구토 등의 증상을 보이고, 드물게는 탈수로 인해 쇼크가 발생할 수 있다. 대개는 5일 정도의 증상이 이어진다. 진단은 감염된 환자의 대변 속에서 장독소성 대장균을 검출하는 것으로 확진한다.

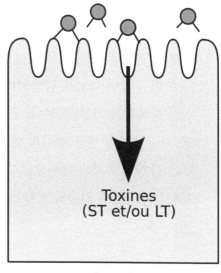

[ETEC]

④ 장침습성 대장균 감염증(EIEC)

장침습성 대장균은 장침습성 대장균 감염에 의해 발병되는 급성 위장관염으로 오염되어 있는 음식과 물 섭취를 통하여 감염되고, 1~3일의 잠복기 후에 복통·발열·수양성 설사·구토 등의 증상을 보인다. 환자 중 약 10%에서 혈성 설사가 발생하기도 한다. 이와 같은 위장관염의 증상은 대개 7일 이내에 없어진다. 진단은 감염되어 있는 환자의 대변 속에서 장침습성 대장균을 검출하여 확진한다.

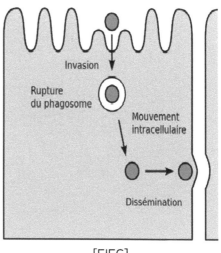

[EIEC]

⑤ 장병원성 대장균 감염증(EPEC)

장병원성 대장균은 장병원성 대장균 감염에 의해 나타나는 급성 위장관염으로 오염된 음식 또는 물을 섭취하거나 분변-구강의 경로로 감염되며, 1~6일의 잠복기를 거친 후 설사, 구토, 발열, 복통들의 증상을 보이게 된다. 진단은 감염된 환자의 대변으로부터 장병원성 대장균을 검출하여 확진한다.

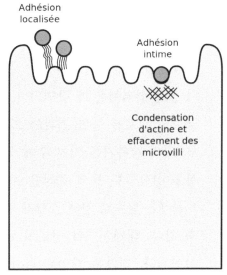

[EPEC]

⑥ 캄필로박터균 감염증(Campylobacteriosis)

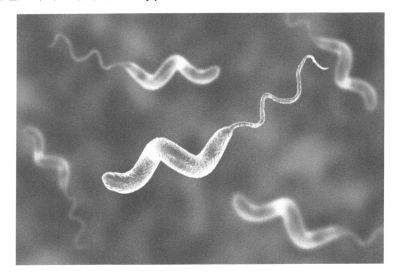

[Campylobacteriosis]

캄필로박터균 감염증은 캄필로박터균의 감염에 의해 발병되는 급성 위장관염으로 오염되어 있는 음식이나 물, 우유 등을 섭취 또는 분변 - 구강의 경로로 감염될 수 있고, 2~5일의 잠복기를 거쳐서 혈변 · 설사 · 권태감 · 복통 · 구토 · 오심 · 발열 등의 증상을 보인다. 이러한 증상들은 일주일까지 지속되는 경우도 있다. 진단은 감염된 환자의 대변 속에서 캄필로박터균을 검출하여 확진한다. 또 이러한 균은 항생제 투여 치료를 하지 않은 경우 2~7주까지도 균을 배출한다.

⑦ 클로스트리듐 퍼프린젠스 감염증(Clostridium perfringens enteritis)

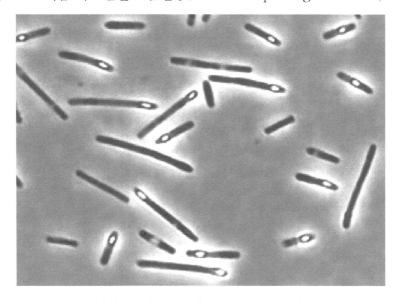

[Clostridium perfringens enteritis]

클로스트리듐 퍼프린젠스 감염증은 클로스트리듐 퍼프린젠스 장독소에 의해 발생하는 급성 위장관염으로 불충분하게 가열한 또는 보관 중에 재가열한 쇠고기와 닭고기를 섭취했을 경우 주로 발생한다. 8~24시간의 잠복기를 거치고 갑작스러운 복통과 설사, 메스꺼움 등의 증상을 보이고, 이러한 증상은 대체로 2일 이내에 사라진다. 진단은 감염된 환자의 대변 속에서 클로스트리듐 균을 검출하여 확진한다.

⑧ 황색포도알균 감염중(Staphylococcus aureus Intoxication)

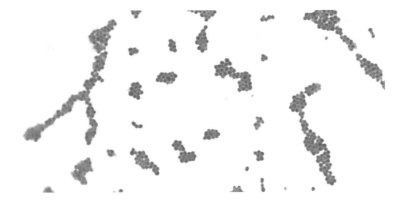

[Staphylococcus aureus Intoxication]

황색포도알균 감염중은 황색포도알균의 증식으로 만들어지는 장독소에 의해서 발병한 급성 위장관염으로 이 균에 감염되어 있는 사람이 요리를 한 경우, 조리 후에 음식을 잘못 보관하여 독소가 증식된 경우의 음식물을 섭취한 후에 감염되게 된다. 보통 2~6시간의 잠복기를 거쳐서 갑작스럽게 발생하는 구토·오심·설사·복통 등의 증상을 보이고, 이러한 증상들은 대체로 2일 이내에 소실된다. 진단은 감염된 환자의 대변 속에서 황색포도알구균을 검출하여 확진한다.

⑨ 바실루스 세레우스균 감염중(Bacillus cereus gastroenteritis)

10㎛

[Bacillus cereus gastroenteritis]

바실루스 세레우스균 감염증은 바실루스 세레우스균이 만들어 낸 장독소에 의해 발병한 급성 위장관염으로 오염되어 있는 음식 섭취하거나 조리한 후에 실온에 방치해 균의 포자들이 증식하거나 독소 생성이 된 것을 섭취한 경우에 감염된다. 설사형과 구토형 두 가지 형태를 나타내며, 설사형은 8~16시간의 잠복기를 거치고, 구토형은 1~5시간의 잠복기를 거쳐서 나타난다. 구토와 복통의 증상이 특징적이고 환자 중 설사는 약 30% 발생하고, 진단은 감염되어 있는 환자의 대변 속에서 바실루스균을 검출하여 확진한다.

⑩ 예르시니아 엔테로콜리티카 감염증(Yersiniosis)

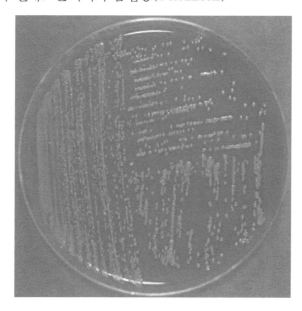

[Yersiniosis]

예르시니아 엔테로콜리티카 감염증은 예르시니아 엔테로콜리티카의 감염에 의한 급성 위장관염으로 살균하지 않은 우유, 오염된 물, 오염된 돼지고기를 섭취할 경우 감염되며, 분변-구강 경로 전파도 가능하다. 1~11일의 잠복기를 거쳐 발열·설사·구토·복통·급성 장간막 림프절염 등 전신 감염 증상이 나타나며, 약 1/3은 설사의 증상이 없을 수 있고, 약 1/4은 혈변을 보이기도 한다. 진단은 감염된 환자의 대변으로부터 예르시니아균을 검출하여 확진한다.

⑪ 리스테리아 모노사이토제네스 감염증(Listeriosis)

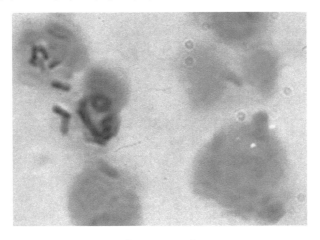

[Listeriosis]

리스테리아 모노사이토제네스 감염증은 리스테리아 모노사이토제네스의 감염에 의한 위장관염으로 우유·오염된 육류·채소·연성치즈 등을 섭취할 경우에 감염되며, 수직 감염이 가능하여 산모가 출산 시 무증상이어도 사산, 신생아 패혈증, 신생아기의 수막염이 나타나기도 한다. 수일–수주의 잠복기를 거쳐서 두통·발열·소화기 증상 등 인플루엔자와 유사한 증상이 발생하게 된다. 진단은 감염된 환자의 대변으로부터 리스테리아균을 검출하여 확진한다.

⑫ 그룹 A형 로타바이러스 감염증(Rotaviral gastroenteritis)

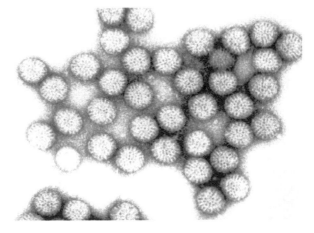

[Rotaviral gastroenteritis]

그룹 A형 로타바이러스 감염증은 그룹 A형 로타바이러스의 감염으로 의한 급성 위장관염으로 분변-구강 경로가 주된 전파 경로이며, 접촉 감염 및 호흡기 감염도 가능하며, 오염된 물을 통해 감염되기도 한다. 24~72시간의 잠복기를 거쳐 중등도의 발열과 구토와 더불어 수양성 설사를 보이며, 발열과 구토는 2일째 호전되지만 설사는 흔히 5일~7일간 지속된다. 진단은 환자의 대변에서 면역학적 진단법을 이용한 로타바이러스 항원 검출 또는 중합효소 연쇄반응을 이용하여 로타바이러스 유전자 검출을 통해 확진한다.

⑬ 아스트로바이러스 감염증(Astroviral gastroenteritis)

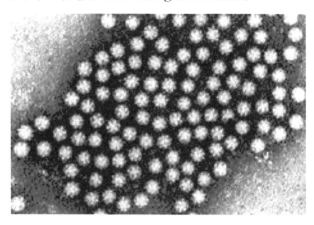

[Astroviral gastroenteritis]

아스트로바이러스 감염증은 아스트로바이러스(Astrovirus)의 감염으로 인한 급성 위장관염으로 분변-구강 경로로 전파되며 3~4일의 잠복기를 거쳐 두통·설사·오심·권태감 등의 증상이 나타나며, 진단은 감염된 환자의 대변으로부터 아스트로 바이러스 항원이나 유전자 검출을 통해 확진한다.

⑭ 장내 아데노바이러스 감염증(Adenoviral gastroenteritis)

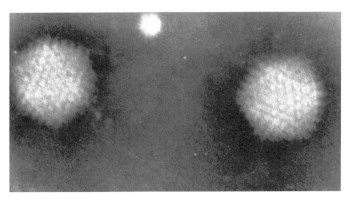

[Adenoviral gastroenteritis]

장내 아데노바이러스 감염증은 아데노바이러스의 감염으로 인한 급성 위장
관염으로 분변-구강 경로로 전파되며 7~8일의 잠복기를 거친 후 구토·수양
성 설사·복통·호흡기 증상·발열 등이 발생하며, 이러한 증상은 대개 5일
~12일간 지속된다. 진단은 감염된 환자의 대변으로부터 아데노바이러스 항
원 또는 유전자를 검출하여 확진한다.

⑮ 노로바이러스 감염증(Noroviral gastroenteritis)

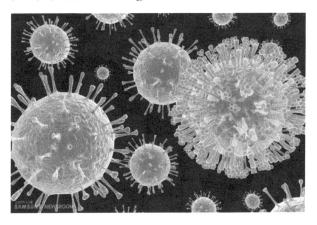

[Noroviral gastroenteritis]

노로바이러스 감염증은 노로바이러스의 감염으로 인한 급성 위장관염으로
분변-구강 경로가 주된 전파 경로이고, 구토물에 의한 비말 감염도 가능하여

우리나라에서는 급식시설에서 오염된 음식, 물을 섭취하여 발생한 사례가 보고되기도 했다. 24~48시간의 잠복기를 거쳐 구토, 오심, 권태감, 설사, 복통 열 등의 증상이 보이며, 위장관 증상은 24~48시간 지속될 수 있다. 진단은 감염된 환자의 대변으로부터 노로바이러스 유전자를 검출하여 확진한다.

(10) 세균류의 유용세균과 유해세균

- 세균류가 생산할 수 있는 물질이나 자연계 속의 여러 물질을 분해할 수 있는 능력은 인간에게 중요한 것이 많다.
- 젖산을 분비하는 젖산균(Lactobacillus)은 젖산 발효에 이용(청주양조, 야쿠르트 등)되고, 아세톤·부탄올 및 비타민 B2의 제조에는 클로스트리듐균(Clostridium)이 이용된다. 또 글루탐상을 생산하는 세균은 조미료로 쓰이는 a-케토글루탐산의 제조에 사용된다.
- 도시에서 나오는 오염된 생활하수나 생산 공장 등에서 배출하는 폐수는 여러 세균류에 의해 분해 작용이 일어나며 경우에 따라 유해 물질까지도 깨끗하게 해준다.
- 위처럼 유기물을 분해하는 세균류는 자연 정화에도 관여해 인류에 큰 이익을 가져다준다.
- 세균은 사람이나 동물에 기생하여 각종 질병을 일으켜 여러 독소를 생산하기도 한다.
- 파상풍균 디프테리아균·모툴리누스균 등은 단백질성 물질의 강한 균체외독소(exotoxin)를 분비한다. 파상풍균은 병원균 중에서 가장 강력한 독소를 생산하는데, 이 균을 1주일 정도 배양한 여과액 1ml에는 10~20만 마리의 쥐를 죽일 수 있는 독소가 있다.
- 콜레라균·적리균·녹농균 등은 다당체를 주체로 하는 균체내독소(endotoxin)를 생산한다. 균체내독소는 사후에 균체의 파괴에 의하여 액중에 유리된다. 결핵균 등의 항산성 세균은 유독성인 유지질의 독소를 함유하고 있다.

- 단백질 분해과정 중에 프토마인 등의 강력한 독소를 생산하는 세균도 있다. 연쇄구균은 적혈구를 파괴시켜 혈구를 용해하는 작용이 있을 뿐만 아니라 폐혈증과 심장내막염의 병원균이 되기도 한다. 쌍구균에는 급성폐렴의 원인균과 비뇨생식기의 병원균인 임균 등이 있다.
- 장티푸스균은 혈액 중에 들어가고, 식중독을 일으키는 균(Salminella)과 설사를 일으키는 균(Shigella)은 장의 점막에 기생하고, 콜레라균은 작은창자(소장)에 기생하여 극심한 병증을 나타내게 된다.
- 가축에 병을 일으키는 병원균도 여러 종유가 있다. 탄저균, 단독균 등은 소 / 말 / 양 / 닭 / 산새 / 쥐 등과 사람에게까지 감염된다.
- 실물에 병을 일으키는 세균류는 수백 종이 발견되어 있는데 농작물에 큰 피해를 입힌다. 예로 가지과식물의 풋마름병, 감자의 둘레썩음병, 토마토의 궤양병, 과수류의 암종병 등이 잘 알려진 사례다.

2) 효모의 증식과 영양

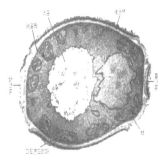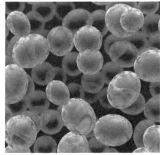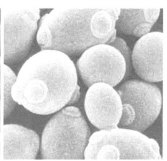

[효모]

(1) 효모의 특징

버섯이나 곰팡이의 무리지만 균사가 없고, 광합 성능이나 운동성을 가지지 않는 단세포 생물의 총칭이다. 전형적인 효모는 출아에 의해 증식하는 크기 $8\mu m$의 구형·타원형인 세포이다. 효모의 어원은 그리스어로 '끓는다'는 뜻이며, 이것은 효모에 의해 일어나는 발효라는 과정 중에 이산화탄소가 발생하여 거품이 많이 생기는 것에서 유래한다.

대부분 토양 속에서는 살지 않으며 꽃의 꿀샘이나 과실의 표면과 같은 당의 농도가 높은 곳에 많이 생육하고 있다. 당을 발효시켜서 에탄올이나 이산화탄소를 생산하는 능력을 가진 것이 많다. 이러한 성질은 맥주의 제조나 빵의 발효에 이용되고 있으며, 기원전 수천 년경 이미 상당히 완성되어진 형태로 행해졌던 것이 이집트의 유적 연구, 바빌로니아의 고도 발굴이나 로제타석(石)에서 확인되었다. 효모의 그 자체는 값싼 지방이나 단백질원으로 사료에 이용된다. 비타민 B군을 풍부하게 함유하고 있으며, 또 비타민 D를 함유하는 것도 있어서 의약품 공업에도 사용되고 있다.

현미경의 발명자 A. 레벤후크가 효모를 처음으로 관찰하였으며, 1680년에 맥주 효모를 발견하였다. 그러나 1861년이 되어서야 효모 발효의 생물학적 의의가 알려졌으며, L. 파스퇴르가 효모에 의해 포도주 발효가 일어난다는 것을 처음으로 밝혔다. E. 부흐너가 1897년 치마아제를 발견함으로써 비약적으로 진전되어 효모는 생화학적으로 가장 잘 해석된 미생물로써 생화학의 발전에도 큰 역할을 하였다.

효모의 세포벽은 주로 글루칸과 만난에 의해 구성되어지며, 그밖에 단백질·지질과 소량의 키틴질을 함유한다. 또한, 효모는 다량의 RNA를 함유하는데, 1967년까지 전구조가 결정된 5종의 tRNA는 모두 효모에서 유래한 것으로 분자유전학의 진전에 큰 기여를 하고 있다.

(2) 효모의 형태

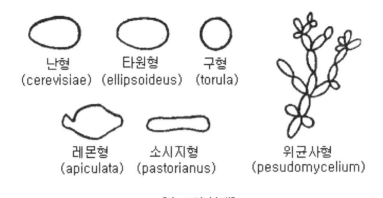

[효모의 형태]

① 난형(Cerevisiae form) : Saccharomyces cerevisiae가 대표적인 효모이다.

② 타원형(Ellipsoideus form) : Saccharomyces ellipsoideus가 대표적인 효모이다.

③ 구형(Torula form) : Torulopsis versatilis가 대표적인 효모이다.

④ 소시지형(Pastorianus form) : Saccharomyces apiculatus가 대표적인 효모이다.

⑤ 레몬형(Apiculatus form) : Haneniaspora속(대표균주 Hanseniaspora valbyensis)과 Saccharomyces가 대표적인 효모이다.

⑥ 위균사형(Candida form) : Candida속 등의 효모가 이에 속하며, 위균사 (Pseudomycelium)는 세포의 끝과 끝을 연결시켜 긴 사슬을 만들어 마치 곰 팡이의 균사와 같은 효모의 한 형태이다.

(3) 효모의 생식

■ 무성생식

① 출아법(budding)

효모의 증식은 일부를 제외하고는 거의 대부분이 출아법에 의하여 발생한 다. 모세포는 한 부위에서부터 작은 돌기가 생겨나고 이것이 점차 커져서 아 세포(bud cell)가 된다. 아세포는 모세포와 같은 크기로 커지고 모세포와의

사이에서 새로운 세포벽이 형성되면 모세포로부터 분리된다. 새롭게 분리된 젊은 세포인 낭세포(daughter cell)의 표면에는 탄생흔(birth scar)이 생기고 모세포(mother cell)의 표면에는 출아흔(bud scar)을 남게 된다. 이 출아흔 부위에서는 또다시 출아하지는 못한다. 보통 한 개의 효모에서 여러 번의 출아가 일어난다.

② 분열법(Fission)
일부의 효모 Schizosaccharomyces속은 세균처럼 2분열법에 의해 증식한다. 즉 세포의 중간에 격막이 생겨 동시에 2개의 새로운 세포로 증식하는 방법이다.

③ 양극출아 및 다극출아법(Dipolar budding)
레몬(Lemon)형 및 소시지(Sousage)형과 같은 소수의 효모에서부터 볼 수 있는 증식 방법이다.

■ 유성생식
① Saccharomyces형
Saccharomyces cerevisiae를 비롯하여 일반적인 효모의 영양세포는 배수체이지만 자낭포자의 형성 직전에 감수분열이 2회 일어나 통상적으로 4개의 반수체의 자낭포자를 세포 내에 생성한다. 이 자낭포자는 그대로 발아하여 반수체의 영양세포로 된다. 이 반수체의 영양세포는 서로 접합하여서 원형질융합과 핵융합을 거쳐 다시 배수체의 영양세포로 된다.

② Saccharomycodes형
Saccharomycodes속에서 볼 수 있는 방법이다. 배수체의 영양세포는 자낭포자를 형성하기 직전에 감수분열을 하여 4개의 반수체의 자낭포자를 형성한다. Saccharomyces형과는 다르게 자낭 안에서 2개의 자낭포자가 서로 접합하여 핵융합에 의하여 배수체로 되고 그다음 발아하여 바로 영양세포가 된다.

③ Schizosaccharomyces형

일반적인 환경에서 영양세포가 반수체인 Schizosaccharomyces와 Saccharomyces elegans와 같은 효모의 포자 형성 이전에 영양세포가 접합하여 접합관을 형성하고 양쪽의 세포핵이 융합해 감수분열을 발생시켜 핵은 세포 내로 이동한 다음 포자를 형성한다. 따라서 배수기는 접합자에게만 존재한다.

(4) 효모의 증식

효모는 물과 산소, 그리고 기타 영양에 의해 증식되어 오랜 기간 동안 살아가다가 산소가 없어지면 이스트로 발효되어 살아가게 된다.

이스트가 발효되지 않고 증식하기 위해서는 산소가 필요하며 산소가 있는 경우에는 산소와 양분의 양에 비례하여 증식 속도가 빨라진다.

효모는 출아법으로 증식한다. 성장한 효모의 세포에서 돌기물이 나와 그것이 점차 성장하여 완전히 성숙한 1개의 세포가 되어 분리된다.

원래의 세포를 모세포라고 부르고 분리된 쪽을 자세포라 부르며, 최적의 환경 하에서는 출아에서부터 분리까지 2시간 반~3시간 정도 걸린다.

효모가 번식하는 데 있어서 적당한 온도는 28~35℃로 38℃ 전후를 넘게 되면 번식 기능이 저하되고 60℃ 이상에 도달하게 되면 사멸하게 된다.

(5) 효모의 영양

효소 성분이 인체 내에서 부족할 경우 간이 인체 내에 들어오는 여러 가지 물질들을 해독하면서 중간 노폐물이 생성되게 되는데, 효소를 섭취할 경우 이러한 간 기능이 원활하도록 함으로 간의 영양 제공과 간질환에서 반드시 필요하다고 할 수 있으며 주요한 요소로 여겨지고 있다.

양질의 식물성 단백이 약 50%가량 함유되어 있고 비타민 B군과 각종 미네랄이 풍부해 비타민 B군 결핍증이나 저단백 식사, 여성의 철분 결핍증과 미량 미네랄 결핍

중 등 모든 영양 부족의 문제 대부분을 해결할 수 있는 훌륭한 천연 건강식품이다.

면역 기능을 향상시켜 바이러스성 간염, 각종 암을 개선하는 작용을 하는 다당체인 베타클루칸(B-Glucan), 지모산(Zymosan), 셀레늄 등을 함유하고 있다. 또한, 신경전달물질인 콜린(Choline)을 함유하고 있어 숙취 해소와 지방간에도 도움이 되며 두뇌 활동을 돕는다.

3) 곰팡이의 증식과 영양

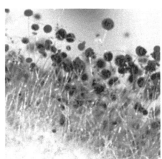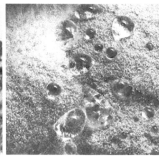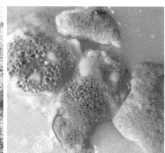

[곰팡이]

(1) 곰팡이의 특징

본체는 가느다란 실 모양인 균사로 이루어진 균계 생물을 폭넓게 통칭하는 말이며 식물이 아니다.

균계라고 번역하여 쓰며 박테리아를 뜻하는 세균과 친척인 것처럼 혼동할 수도 있지만, 세균과는 범위부터 다르다.

원핵생물인 세균과 다르게 균계는 진핵생물에 속한다. 사실 균이라는 것이 원래 버섯이라는 뜻으로 쓰는 글자였으므로 오히려 세균이 나중에 번역할 때 차용한 이름이며 원래는 곰팡이라고 부르는 것이 맞다.

생태가 제각각인 수천 종이 알려져 있다. 그것의 공통점으로는 자라나는 데 습기를 필요로 하며 일부 종은 아예 물에서 번식하기도 한다. 균계 생물이 다 그렇

듯이 곰팡이 또한 자체적인 광합성을 못 하기 때문에 외부의 유기물질에 의존하면서 살아간다.

곰팡이는 가수분해를 하는 효소를 내놓아 전분이나 섬유소 같은 유기물질을 분해한 후, 균사를 통해 흡수한다.

토양에서 다른 미생물과 식물에 기생하고 있다가 성장하여 균사나 포자를 다량 형성시켜 포화 상태로 되면 자손을 증식하기 위해 포자를 공기 중에 비산시켜 티끌이나 수증기 등에 부착하여 온갖 건물이나 재료에 달라붙어 생육 조건의 적합하면서 발아해 증식한다. 곰팡이 포자의 흡입으로 알레르기성 질환이나 아토피성 피부염을 일으키며 면역력 저하 시에 아스페르질루스 폐렴 등의 질병 위험이 따른다.

(2) 곰팡이의 형태 및 구조

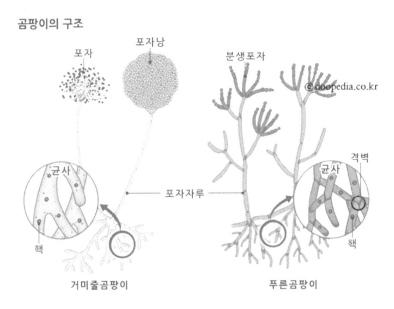

[곰팡이의 형태 및 구조]

① 곰팡이의 세포 구조
- 진핵세포 생물, 다핵체 또는 다세포체
- 2~10um의 지름을 갖는 관상 구조의 실 모양의 세포인 균사(hyphae)로 이루어짐
- 균사체(mycelium) : 균사의 집합체
- 곰팡이 균총의 색 : 대부분 포자의 색

② 균사
- 기중균사(submerged hyphae) 또는 영양균사(vegetative hyphae) : 기질 속이나 기질 표면에서 자라는 균사
- 기균사(aerial hyphae) : 기질 표면에서 직각으로 그리고 공중으로 뻗어서 자라는 균사
- 균사에 격벽(septum)을 가진 것과 가지지 않은 것이 있어서 이는 곰팡이 분류의 기준이 된다.
- 조상균류(난균류, 호상균류, 접합균류) : 균사에 격벽이 없음.
- 순정균류(담자균류, 자낭균류, 불완전균류) : 균사에 격벽이 있음.

(3) 곰팡이의 번식법

무성포자나 유성포자를 형성하여 번식하는데 이는 분류학상 중요한 기준이 된다. 포자는 pH나 열 또는 삼투압의 변화에 대해 상당한 저항성을 가지기 때문에 식품 보존 있어서 문제를 일으킨다.

- 무성포자
① 난포자(oospore) : 난균류(Oomycetes)
  2개의 세포핵이 융합한 것 또는 이것이 분열하여 나온 핵을 중심으로 만든 포자. 조정기(antheridium) 중의 웅성 배우자가 수정모(trichogyne)를 통해

조란기(oogonium) 속의 난구(oosphere)라는 자성 배우자와 융합하여 포자를 형성을 한다.

② 접합포자(zygospore) : 접합균류(Zygomycetes)

가까이에 있는 2줄의 균사로부터 각각 분지가 나와서 서로 접합하고 그 부분이 팽대하여 포자를 형성, 흑갈색의 두터운 막으로 둘러싸인 구형 세포로 표면에 돌기가 있다.

③ 자낭포자(ascospore) : 자낭균류(Ascomycetes)

자낭(ascus)이라는 특수한 세포에서 생기는 내생포자이며 진정자낭균류는 다수의 자낭이 균사의 조직층으로 쓰여 구상의 자낭과(ascocarp)를 형성한다.

- 폐자기(cleistothecium) : 완전히 밀폐된 것
- 피자기(perithecium) : 플라스크형으로 끝의 입구가 열려 있는 것
- 나자기(apothecium) : 컵 모양으로 내부가 완전히 열려 있는 것

④ 담자포자(basidiospore) : 담자균류(Basidiomycetes)

균사가 발전되어 나온 담자기(basidium)로부터 만들어진 외생포자이며 담자기의 끝에 각각 4개의 담자포자를 착생한다.

■ 무성포자

① 포자낭포자(sporangiospore)

세포핵 융합이 일어나지 못하고 분열만으로 되풀이하면서 무성적으로 형성되는 포자로 균사의 끝이 부풀어서 생긴 포자낭(sporangium) 내에 많은 수의 포자가 형성되고 Mucor, Rhizopus 등의 속에서 볼 수 있다.

② 분생자(conidia)

분생포자(conidiospore), 분생아포라고도 부르며, 균사의 끝에 생기는 포자이다. 분생자의 형태나 착생 방법은 곰팡이의 종류에 따라서 현저하게 다르다.

③ 분절포자(arthrospore)

분열자(oidia), 균사의 일부가 차례로 격벽을 만들고 짧은 조각으로 떨어져서 형성되는 포자

④ 출아포자(blastospore)

아세포가 균사의 끝부분에서 형성되고 출아와 출열을 거듭하여 형성되는 포자

⑤ 후막포자(chlamydospore)

균사의 끝이나 중간에 원형질이 모여 팽대하고, 두꺼운 막을 형성하는 휴면성의 포자

(4) 곰팡이의 영양과 환경

① 수분활성

효모나 세균에 비하여 보다 낮은 수분 함량의 배지나 식품에서 생육 가능하며 Aw 1에 가까운 배지에서도 생육이 가능하다. 내건성 곰팡이는 Aw0, 62에서도 생육 가능하다.

② 온도

생육에 적합한 온도인 25~30℃로 중온성이며 생육 가능 온도 범위는 최저 -5~-10℃에서부터 최고 50℃까지 그 범위가 넓다.
저온 생육성 곰팡이에 의하여 냉동식품의 품질이 손상되어 버리는 경우가 있으므로 주의해야 한다.

③ 산소 요구성

절대호기성 균(산소가 존재하지 않는 조건에서는 절대 살아갈 수 없는 균)으로 생육에 많은 산소를 필요로 한다.

④ pH

최적 pH는 약산성인 pH 5~6 정도이며, 생육 가능한 pH의 범위로는 pH 2~8.5로 비교적 넓은 편이다.

4) 바이러스(Virus) - 기생생물

(1) 기생생물

다른 생물의 체표 또는 체내에 더불어 살면서 영양도 흡수하는 생물, 기생하는 생물을 기생생물, 기생당하는 생물을 숙주라 한다. 공생과 달리 숙주는 다소라도 해로운 영향을 받고 극단적 경우에는 죽는다. 어떠한 형식으로든 기생을 당하지 않는 생물은 존재하지 않으며 넓은 뜻으로는 초식성동물 소도 식물에 기생한다고 할 수 있다.

다른 생물에게 영양을 의존하는 종속 영양식물에는 공생식물과 기생식물이 있고, 기생식물에는 바이러스·세균류·균류에서 고등식물에 이르기까지 여러 식물이 포함된다.

기생식물이란 넓은 뜻으로는 이들의 총칭이지만, 좁은 뜻으로는 기생 생활을 하는 특수한 고등식물을 말한다. 또 기생식물이 기생하는 식물을 숙주식물이라 한다.

기생식물을 영양 형식에서 보면 겨우살이·수염며느리밥풀처럼 스스로 클로로필로 광합성을 하는데도 불구하고 한편에서는 숙주식물에서 유기물·무기물을 흡수하여 종속 영양적으로 생활하는 반 기생식물과 야고처럼 완전히 다른 식물에 영양을 의존하는 전기생식물이 있다.

기생하는 방법에 따라 외부 기생과 내부 기생으로 분류할 수 있다.

외부 기생을 하는 것으로는 벼룩·이·진드기처럼 일시적으로 기생하는 것과 모기처럼 주기적으로 기생하며 흡혈하는 것 등이 있다.

게 등에도 주머니벌레(Sacculina)라는 작은 갑각류가 기생하는데, 이것에 기생당한 수게는 마침내 수컷의 특징을 상실하고 암컷화하여 기생 거세가 일어난다.

이것은 수컷의 특정을 발달시키는 선이 기생 결과 파괴당하기 때문이다. 또 2차 기생의 현상도 드물지 않다.

(2) 바이러스(Virus)

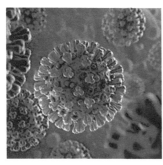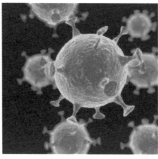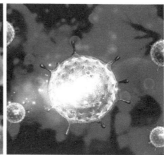

[Virus]

바이러스는 병을 유발하는 생물로서 엄청난 피해를 발생시키는데 반해 그 크기는 생물체 중에서 가장 작고 단순하며 무생물처럼 독립생활을 하지 못하는 독특한 특징이 있다.

바이러스는 다양한 방법으로 퍼진다. 식물에 존재하는 바이러스는 진딧물과 같은 식물의 수액을 먹는 곤충에 의하여 식물에서 식물로 옮겨지는 일이 많으며 동물의 바이러스는 흡혈 곤충에 의해서 옮겨진다. 이러한 질병을 가진 유기체들은 벡터라고 알려져 있으며, 인플루엔자 바이러스는 재채기와 기침을 통해 퍼진다. 바이러스성 위장염의 흔한 원인이 되는 노로바이러스와 로타바이러스는 감염 경로를 통해서 전달되며, 접촉을 통해서 사람과 사람 간에 전달되며 HIV는 성관계를 통하여 감염된 혈액에 노출되어 전염이 되는 여러 가지 바이러스 중 하나이다. 바이러스가 감염을 시킬 수 있는 숙주 세포의 범위를 "숙주 범위"라 하는데, 이는 바이러스가 소수 종의 감염도 가능하다는 것을 의미하며, 널리 퍼진다는 것은 바이러스가 수동으로 감염될 수 있다는 것을 의미한다.

바이러스는 일반적으로 기생하는 생물에 따라서 식물 바이러스와 동물 바이러스, 세균 바이러스로 나뉘며 유전 물질에 따라서 구분되기도 하는데, 인류의 역사에 처음 등장한 것은 기원전 2000년 전으로 매우 오래된 것을 알 수 있다.

생명 진화의 역사에서 바이러스의 기원은 아직 명확하지 않은데 어떠한 바이러스는 박테리아로부터의 진화 가능성도 있으며 세포 간의 사이를 이동이 가능한 DNA의 플라스미드 조각에서부터 진화했을지도 모른다. 바이러스는 진화 과정에서 수평적인 유전자 전달의 주요 수단이 되고, 이는 유전적 다양성을 증가시킨다. 바이러스는 유전 물질의 운반, 생식, 자연 선택을 통해서 진화하기 때문에 생명체의 한 형태라고 간주되어지기도 하지만, 일반적으로는 생명체로 분류하는데 필요한 주요 특성들을 가지고 있지 않다. 이처럼 바이러스는 생명체로의 특성을 모두 지닌 것이 아니라 일부만을 가지기 때문에 "생명 가장자리의 유기체" 및 복제 물질로서 묘사되어 왔다.

최초로 바이러스의 실체를 확인한 이후에도 사람들에게 큰 공포로 남아 문학 작품이 영화를 통해 부정적인 인식들이 지나치게 확산되어 있기도 하다.

■ 식물 바이러스

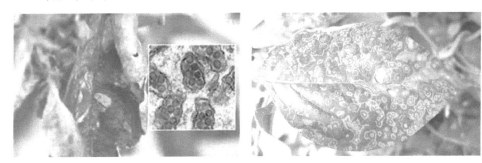

[식물 바이러스]

식물 바이러스의 증상은 보통 잎이 누렇게 변하거나 돌돌 말리는 현상, 잎이나 줄기에 얼룩덜룩한 무늬가 생기거나 둥근 무늬가 생기는 등의 현상을 나타낸다. 바이러스는 기생하는 식물의 종류가 정해져 있는데 이러한 식물을 기주식물이라 하며 씨앗(씨고구마, 씨감자 포함)에 붙어 있거나 진딧물, 가루 이 같은 곤충이나 선충의 몸 안에서 있다가 식물을 흡습할 때 입이나 상처 부위를 통해 감염시킨다.

농촌진흥청은 바이러스에 의한 피해 예방을 위해 현장 진단 키트와 검역에서 유용하게 사용할 수 있는 대용량 올리고칩(LSON)을 개발하여 무상으로 분양하고 있으며 매개충의 움직임을 감시하여 미리 방제 가능한 스마트 포집 시스템을 운영하여 방제 정보를 실시간으로 관련 기관과 농업인에게 전파하고 있다.

■ 기술 개발

부정적으로 인식되고 있는 바이러스는 현대의 생물학을 이끌고 있는 생명공학 기술의 발전에 다양한 기여를 했으며 미래 농업을 위한 기술 개발에도 자양분이 될 것이다.

최근에 주목받는 연구 결과로는 바이러스를 개조하여 인류의 선천성 대사이상과 암 등과 같은 난치병에 효과적인 약물을 정확하게 필요한 곳으로만 보내는 약물 전달체의 역할과 암세포만 골라서 파괴하는 항암 바이러스의 개발을 그 예로 들 수 있으며 일부는 곧 상용화될 것으로 보인다.

(3) 바이러스(Virus)의 구조

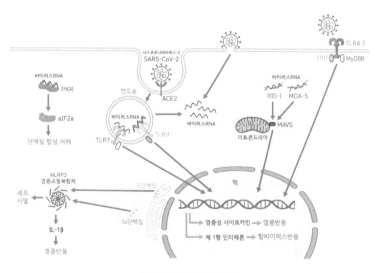

[바이러스의 구조]

바이러스는 DNA나 RNA의 유전물질과 그것을 둘러싸고 있는 단백질 껍질(capsid, 캡시드)로 구성되어 있는 매우 간단한 구조이며, 단백질 껍질(캡시드)은 구슬 모양인 단백질(capsomere, 캡소머)이 모여서 이루어진 것이다. 어떠한 바이러스는 단백질 껍질 이외에도 지질로 이루어진 막을 가지기도 하는데 지질로 이루어진 층을 가지는 바이러스는 Enveloped Virus(외피로 둘러싸여 있는 바이러스)다. 이 지질층은 숙주세포의 세포막으로부터 유래된 것이다.

(4) 바이러스(Virus)의 분류

바이러스는 숙주의 종류에 따라서 동물 바이러스, 식물 바이러스, 세균 바이러스(파지)로 구분하기도 한다. 그러나 생물 증식의 근원이 핵산에 있으므로 핵산의 종류에 따라서 분류를 하게 되었다. 즉 2종류의 핵산 중 어느 것을 가졌는가에 따라서 DNA 바이러스 아문과 RNA 바이러스 아문으로 나누어지며, 이들은 다시 강·목·과로 세분화된다. 바이러스는 증식에 필요한 효소를 가지지 않기 때문에 다른 생물로부터 기생하면서 숙주가 가진 것을 이용해 증식한다. 수두나 천연두를 일으키는 바이러스나 대장균에 기생하는 T파지는 DNA 바이러스다. 이에 반해, 유행성 이하선염(항아리손님), 광견병, 홍역, 일본뇌염, 소아마비 등을 유발시키는 바이러스는 RNA 바이러스이다.

① dsDNA 바이러스(겹가닥 DNA 바이러스) - 헤르페스바이러스, 아데노바이러스, 마마바이러스 등
② ssDNA 바이러스(외가닥 DNA 바이러스) - 파르보바이러스 등
③ dsRNA 바이러스(겹가닥 RNA 바이러스) - 레오바이러스 등
④ (+)ssRNA 바이러스(양성-극성 외가닥 RNA 바이러스) - 토가바이러스, 피코르나바이러스 등
⑤ (-)ssRNA 바이러스(음성-극성 외가닥 RNA 바이러스) - 라브도바이러스, 오르토믹소바이러스 등
⑥ ssRNA-RT 바이러스(외가닥 RNA-RT 바이러스) - 레트로바이러스 등
⑦ dsDNA-RT 바이러스(겹가닥 DNA-RT 바이러스) - 헤파드나바이러스 등

5) 미생물의 대사

(1) 미생물 대사의 특징과 과정

생체가 무기 또는 유기 화합물을 이용하여 생체 구성 물질을 합성하며 생육에 필요한 에너지(ATP) 등을 얻는 체내 모든 반응을 총칭하는 과정을 말한다.

생체 성분의 생합성 과정(동화 과정)과 생합성, 운동 물질 수송에 필요한 에너지를 조달하는 과정(이화 과정)으로 나눌 수 있다.

- ■ 동화 과정

  다양한 생체 물질 각각의 고유의 생합성 반응이 존재함으로 그 의미가 다채롭고, 생물 종에 따른 차이는 세균뿐만 아니라 전 생물 종에서 비교적 적다.

- ■ 이화 과정

  세균 종 간의 차이가 매우 크며, 필요한 에너지가 주로 ATP 또는 막에 있는 proton 농도 구배 형태로 공급된다는 통일성을 가진다.

  에너지를 생성하는 과정은 매우 다양하며 동물 종에 있어서는 특히 더욱 다양하고, 미생물 대사의 주된 기능은 아분자로부터 조립되어 고분자의 합성이라고 할 수 있다.

  단백질 → 아미노산으로, 다당 → 단당으로 지질 → 글리세롤, 또 알코올, 지방산 및 콜린과 같은 아 단위로부터 합성된다.

  탄소원, 에너지원으로 포도당을 쓰며 그 외 N, S, P 등의 필수 영양들이 무기염 형태로 제공되면 이를 이용하여 균체 구성 성분에 필요한 단백질, 핵산, 당, 지질 등을 합성하게 된다.

(2) 미생물 대사의 기능

- 배지 내 성분이나 중간대사 산물을 이용하여 아 단위 물질을 생합성한다.
- 각 아 단위 물질을 축합하여 고분자물질을 합성한다.

- ADP와 무기인산을 인산화하고, 에너지형인 ATP를 생성한다.
- NADPH와 같은 환원력을 생성한다.

(3) 미생물 대사의 대표 3종류

① 호흡

미생물이 산소가 존재하는 상태에서 유기물을 CO_2로 완전히 산화하는 호기적 대사

② 발효

유기물을 이용하여 유기산이나 에탄올로 전환시키면서 에너지를 얻는 대사

③ 광합성

태양에너지를 이용하여 CO_2를 유기물로 전환시켜 에너지를 얻는 대사

(4) 탄수화물 대사

- 탄수화물은 에너지 획득과 세포 성분 합성을 위한 탄소 원으로 이용된다.
- 다당류나 과당류가 가수분해되어 단당류로 이용된다.
- 대사가 가장 잘되는 당은 포도당이다.
- 가수분해는 균종에 따라 차이가 남으로 균종 동정에 이용된다.

(5) 호흡 과정

- 호기적 호흡은 발효보다 더 많은 반응 과정으로 되어 있다.
- 생활 세포 안에서는 최종 단계의 수소 수용체가 산소 분자를 이용한다.
- 그런 후 완전 산화되어 CO_2와 H_2O로 되며 많은 자유 에너지가 방출된다.

■ 고분자 물질의 분해

① 전분 - 아밀라제 - 포도당

② 젖당 - 갈락토시 데이즈 - 포도당 + 갈락토오스

③ 설탕 - 인버테이즈 - 포도당 + 과당

④ 맥아당 - 말테이즈 - 포도당 + 포도당

■ 세포 내로 흡수

• 세포막을 통과한 후 세포질로 들어온다.

■ 해당

① 과정

글루코오스가 여러 과정을 거친 다음 피루브산으로 생성되는 과정이다.

② 역할

• 에너지 생성 물질인 NADH2와 FADH2를 생성한다.

• ATP와 대사 중간 물질 등을 생성한다.

• 이산화탄소를 발생시킨다.

■ 전자 전달계

① 과정

NADH2와 FADH2가 전자를 받아 최종 산물인 O2가 되는 일련의 과정을 말한다.

② 역할

• ATP를 생성한다.

• 포도당 1mole당 38mole의 ATP가 생성된다.

• 총에너지 생산량

- 총열량 38mole X 7kcal/mole = 266kcal의 열량을 방출하게 된다.
- 그러므로 포도당의 산화 에너지는 688kcal/mol이다.
- 에너지 효율은 39%(266/688X100=39%)이다.

(6) 발효

- 당이 산소가 없는 혐기적인 조건에서 알코올과 젖산 등의 대사산물로 전환되면서 에너지를 생성한다.
- 1분자의 포도당으로부터 2분자 ATP가 생성된다.
- 생성된 포도당으로부터 2분자의 ATP가 생성된다.
- 이와 동시에 2분자의 NAD로 이행될 때 방출된 H+을 이용하여 피루빈산으로부터 여러 종류의 물질이 만들어진다.
- 이 모든 과정은 세균의 종류에 따라 다르게 나뉜다.

■ 알코올 발효
① 글루코스 - 피루브산 - 에탄올
② 효모가 대표적이다.

■ 젖산 발효
① 효모형
- 당을 이용하여 젖산만 생성한다.
- 글루코스 - 2피루브산 - 2락트산

② 헤테로형
- 당을 이용하여 젖산 및 다른 물질을 생성한다.
- 글루코스 - 3락트산 + 2아세트산

■ 혼합 발효

① E.coli형

• 유기산이 대부분이며 부탄디올의 생성은 없다.

• ph 저하

• Methyl red 양성

② Enterobacter형

• 유기산이 적고, 부탄디올이 많다.

• 부티르산(낙산) 발효 : 클로스트리듐(부탄 올, 아세톤, 부티르산 등)

(7) 지방대사

• 항산성균과 아포 형성균은 라파제로 지질을 분해한다.

• 분해산물인 글리세린은 대부분 탈수소 작용을 받아서 피루브산으로 된다.

• 피루브산은 지방산을 조효소 A의 보조작용으로 분해되어 크렙스회로로 돌아
간다.

■ 고분자 분해

지방 - 글리세롤 + 지방산(리파아제와 포스포리파아제)

■ 지방산의 분해

• 베타 - 산화 과정

• 지방산을 2개의 탄소 단위로 분해한다.

• 아세틸 - CoA가 형성된다.

• TCA cycle로 들어간다.

• 에너지 생성 및 생체 구성 성분이 합성된다.

(8) 단백질 대사

- 단백질 합성은 미생물 세포의 증식 과정의 중요한 반응이다.
- 합성 과정은 환경에 존재하는 복잡한 물질의 소비하에 일어난다.
- 합성에 앞서 이들 물질은 단백질의 구성 단위까지 분해해야 한다.
- 자연계의 단백질은 분자가 크므로 일부분의 미생물은 단백질 분해효소에 의하여 고분자의 단백질을 분해한다.
- 단백질은 펩티데이즈에 의해 아미노산까지 분해된다.

- ■ 고분자 분해
  단백질 - 펩티드, 아미노산 - 아미노산(protease)

[아미노산의 대사과정]

① 탈아미노 반응, 탈카르복시화 반응 등을 통해 탄수화물로 전환된 후 에너지로 사용된다.
② 아미노산 분해 방법은 탈탄산, 탈아미노 반응이 있다.
③ 아미노산의 분해는 아미노기 또는 탄산기가 이탈됨으로써 일어난다.
④ 아미노기 이탈은 염기성에서 일어난다.
⑤ 탄산기의 이탈은 산성 조건하에서 일어난다.

(9) 탈아미노 작용과 산화적 탈아미노 작용

- ■ 탈아미노 작용
  탈아미노 작용은 세균에 의해서 보편적으로 수행되는 반응이며 일반적으로 그람 음성균인 장내세균에서 강하다. 연쇄구균, 폐렴구균 등 그람 양성균은 약하다.

■ 산화적 탈아미노 작용

항산성균의 일부가 이 작용을 받는다.

① 가수분해적 탈아미노 반응

슈도모나스속의 일부에서 예외적으로 관찰되는 반응이다.

② 불포화 탈아미노 작용

대장균의 특수한 경우 아스파라긴산에서 관찰된다.

③ 스틱랜드 반응

클로스트리듐속에서 관찰되는 반응이며 2종의 아미노산 중에서 한쪽은 산화적으로, 다른 쪽은 환원적으로 탈아미노 반응을 일으킨다.

④ 탈탄산 작용(체내 미생물의 탈탄산 조효소인 pyridoxal phosphate)

매우 특이성이 높고 세균에서는 유극성인 아미노산에 특이적으로 작용하는 탈탄산 효소가 존재한다.

• Ph 6.0 이하의 산성에서 작용한다.
• 아미노산에 해당하는 아민으로 된다.
• 아민은 유독해서 식중독의 원인이 될 수 있다.

⑤ 아미노산 분할

여러 가지 균종은 트립토판의 측쇄를 절단해서 인돌과 알라닌을 생성하고, 포도구균과 연쇄구균은 아르기닌을 가수분해하여 오르니틴과 CO_2 와 NH_3 을 만든다.

⑥ 아미노기의 전환

transaminase가 있고, 이 효소에는 피리독살인산 및 피리독사민인산이 조효소로 작용한다. 또 L-glutamic transaminase와 L-aspartic transamiunase가 널리 알려져 있다.

⑦ 아미노산, 펩티드의 합성
- 유기산에서 NH_4^+의 결합
- 대장균과 같이 NH_4^+을 유일한 질소원으로 섭취하며 증식되는 균이다.
- 글루타민산은 각종 아미노산 합성에서의 중심체가 된다.

⑧ 아미노기의 저장
미생물은 고등동물에서와 같이 자유로이 아미노산을 이에 대응하는 케토산에서 합성된다. 또 암모니아를 글루타민 형태로 변경하여 저장한다.

소독과 멸균

CHAPTER 9

소독과 멸균

9.1 소독 및 멸균의 정의

멸균(sterilization)은 그 대상으로 한 물체의 표면이나 또 그 내부에 분포하고 있는 모든 세균들을 완전하게 죽이는 것을 말한다. 이는 무균(無菌)인 상태를 만드는 조작 과정을 말하는 것이다. 그리고 소독(disinfection)은 그 대상으로 한 물체의 표면 또는 그 내부에 들어 있는 병원균을 죽여서 전파력이나 감염력을 없애는 것이다. 이는 안전한 상태를 만드는 조작을 말한다. 따라서 멸균(sterilization)은 소독에서 제일 안전한 형태라고 할 수 있는 것이다.

9.2 소독과 살균작용의 기전

소독은 병원미생물들을 죽이거나 또 반드시 죽이지 못한다 하더라도 활동할 수 없도록 감염력을 억제시키는 조작을 말한다. 소독은 미생물의 오염을 방지하기 위해 사용된다. 살균은 미생물 전부를 대상으로 세균을 완전히 죽여 무균 상태를 유지 하는 조작을 말한다. 일반적으로 볼 때 병원성 미생물들은 외계에서 저항력이 매우 약하므로 비병원성의 미생물들을 죽이는 조건보다도 쉽게 죽일 수 있다. 예를 들면 음료수를 염소 소독하였을 때 소화기계의 전염병 관련 병원균은 죽일 수가 있지만 비병원성인 잡균들은 죽이지 못한다. 또 주사기를 5분 동안 끓였을 때 화농성 균들은 죽일 수가 있지만 완전한 멸균 목적으로는 불완전하다고 볼 수 있다. 음식물의 부패를 방지하거나 보존하기 위해서는 병원미생물들뿐만 아니라 모든 잡균들을 사멸시켜야 하기 때문에 이런 목적 등으로 간단한 멸균법·고압증기멸균법을 이용한다.

미생물(微生物)은 종류에 따라서 살균작용의 저항력이 다르고, 보통 포자형성균의 경우 살균 조건에서 휴면 상태에서 조건이 좋아지게 되면 또다시 증식하게 된다. 또 같은 종류들의 세균이라고 해도 식품·혈액·가래·분변 등 단백질 성분과 공존하고 있는 경우에서는 생리 식염수 안에 현탁되었을 때보다 좀 더 저항력이 강력해진다. 그렇지만 일반적으로는 병원균이 전염되었을 때는 단백질 성분과 공존했을 경우가 일반적이므로 살균 조건에서 그것의 목적과 대상에 따라 여러 개의 살균과 또는 소독 방법들이 이용되어야 한다.

9.3 소독의 종류

소독 종류에는 물리적 소독, 화학적 소독 등이 있다.

[물리적 소독법]

저온살균법·자비소독·증기소독·쉼멜부시소독·건열멸균법·소각화염법·자외선소독법 등이 있다.

[화학적 소독법]

승홍수·석탄산수·크레졸수·포름 알데히드·알코올·계면활성제(비누)·과산화수소 등이 있다.

1) 소독에 필요한 조건

(1) 물리적 인자(physical agents)

- 열 건열과 습열
- 수분 건열에 비해서 습열이 살균 효과가 더욱 높다.
- 자외선 무영조사, 부착물을 제거

(2) 화학적 인자(chemical agents)

- 물 소독약에는 첫 번째로 물에 젖은 균체(菌體)와 접촉을 하고 규막을 통해 균체에서 용해된 후 들어가며 단백질을 변성(變成)시킨다. 엄밀히 따지면, 소독약은 물에서 용해를 진행시키는 성질만을 가지는 것이 아니라 균체에 침입(侵入)하는 성질을 말하며, 즉 기름에서 용해되게 하는 성질도 필요로 하는 이 두 가지를 모두 다 갖추고 있어야 한다.
- 온도 소독약에서 살균작용은 화학반응을 가리키며, 일반적으로 순간적 반응은 온도가 상승함에서 빨라지며, 균체 안에 확산되고 침입하게 되는 속도 또한 빨라진다. 이에 따라 살균력 또한 증가한다.
- 농도(濃度) 화학적 소독법 경우에서는 약물의 중요한 역할을 하는 것은 작용 농도이다. 약물의 농도가 높으면 일반적으로 소독력이 강해지지만, 동시에 부작용 또한 심해진다.
- 화학적 소독법과 시간 물리적 소독법의 어떠한 경우에서도 일정 시간 이상의 작용이 필요하고, 안정성으로는 되도록 많은 시간을 작용시키는 방법이 효율적이다.

2) 물리적 소독법

(1) 저온살균법(pasteurization)

파스테르 저온살균법(pasteurization) 프랑스의 세균면역학자인 파스퇴르가 만든 것이며 주로 우유의 살균에서 주로 사용한다.

① 방법 : 63~65℃로 30분간 열과 습도를 조절하면 결핵균·콜레라균·연쇄상구균 등 인체에 유해한 균이 사멸한다.

② 장점 : 우유의 경우에는 영양소를 잃지 않으면서도 제 맛을 낸다.

③ 단점 : 비병원성인 부패균들을 사멸시키지 못하여 부패하기 쉬우므로 되도록이면 냉장고 안에 보관해야 한다.

(2) 자비소독(boiling disinfection)

① 100℃의 물에서 약 6분간 끓이면 병원균들이 사멸하는 쉬운 방법이다.

② 가열해도 상태가 변하거나 상하지 않는 것들을 물 안에 넣고 물이 끓은 후에 10분 정도이면 소독이 되지만 멸균은 100℃에서 30분 정도 가열해야 한다.

(3) 증기소독(steam disinfection)

① 고압증기, 유통증기에 의한 방법 등이 있는데 이것들은 증기로 세균들을 사멸하게 만든다.

② 유통증기 소독은 끓는 것으로 적당하지 않은 것을 증기를 발생하게 하는 공기 안쪽에 넣고 끓이면 100℃로 끓게 하는 것과 같은 효과가 생긴다. 이러한 경우 위쪽의 증기에는 한 방향으로 빠져서 나가는 유통증기로 소독 내 압력을 상승시키지는 않는다.

③ 고압증기 소독에서 증기의 온도는 압력이 강해질수록 높아진다. 1기압에서 100℃, 2기압에서 120℃가 된다. 긴 파장 전기를 사용하여 짧은 시간 안에 소독을 실행하는 방법으로 보통은 고압 증기 솥을 많이 사용하며 120℃에서 20분 동안 소독한다.

(4) 쉼멜부시소독

① 금속제에서 원통의 뚜껑이 있는 용기를 사용해 벽은 이중으로 되어 있고 외벽을 회전시켜 내벽의 구멍을 여닫게 되어 있다.
② 소독을 할 때에는 내벽의 구멍을 열어 증기로 인해 소독이 되게 한다.

(5) 건열멸균소독(dry heat sterilization)

건열멸균기를 이용하여 150~170℃에서 1~2시간 정도 멸균을 하는 방법이며, 살균한 뒤에 건조한 상태로 있어야 하는 초자기구·의료용 기구·균의 배양에 사용하는 면전·의약품들의 용기 등이 대상이다.
① 건조한 열에는 160℃에 30분 동안 유지되어야 멸균이 가능하다.
② 건열 멸균기를 이용하여 160℃가 되고 난 후 30~40분간 그 온도를 유지시킨다.

(6) 소각화염소독법

불에 병원체를 태우는 방법으로 연소, 보일러 등을 이용하며 소독법 중에서는 가장 효과적인 방법이라 말할 수 있다. 이것은 균들에 오염된 의류와 목제품·전염병 사체 등 폐기물 처리에서 효과를 볼 수 있다.
① 전염성이 있는 물건들은 태워서 버리는 것이 가장 현명한 방법이다.
② 주로 전염병 환자들의 대소변·토사물·쓰레기 등이 있다.

(7) 일광자외선소독법(Ultraviolet irradiation)

자외선 램프를 이용하여 인공적으로 쏘게 하여 살균을 한다. 간단하면서 편리하다. 일광의 살균은 주로 태양의 자외선을 사용하는 것인데 직사광선일 경우에는 모든 균에 대해 강력한 살균력이 존재한다.

그러나 지역들의 환경에 따라서 그 효과는 매우 차이가 난다고 알려졌다. 대도시의 경우에는 대기오염으로 인해 상공에서 많은 자외선이 차단되어 있어 자외선으로 인한 살균을 기대하기가 어려우며, 반면 오염되지 않은 지역에서 최저 270nm까지 단파장이 영향을 주고 있다.

자외선의 살균은 240~280nm의 범위 안의 파장에 가장 크고, 이 범위의 파장을 복사가 가능한 인공 자외선 등이 개발되었다.

(8) 여과법(filtration)

세공을 가지고 있는 여과기를 사용하여 세균을 여과해 제거하는 방법, 이것은 가열하여 살균할 수 없는 의약품·혈청·백신·세균배양기 등에 적용한다. 또 미생물들을 이용하는 발효공업에는 공기의 제균을 목적으로 공기여과기가 이용되었고, 그 외 무균 공기를 만들 때도 이용된다.

또 우물물의 경우에 세균 여과막을 사용하여 대량으로 처리가 가능하다. 또한, 이 방법은 제균 외 미량의 균들을 집균할 목적으로 쓰인다. 이 말은 즉 여과 후 필터를 배양액에 넣어서 배양을 하면 물을 오염시킨 병원균을 검출할 수 있다.

3) 화학적 소독법

소독력을 가지고 있는 약제를 사용하여 세균을 사멸하는 방법이며, 여기에 액체를 사용을 하는 경우와 기체 사용을 하는 경우가 있다. 물리적 소독법은 완전하기도 하지만, 대상물에 따라 실시할 수 없는 것들이 있다.

[소독약의 구비 조건]

1. 살균력이 좋고 무해하여야 한다.
2. 취급 방법이 간단하여야 한다.
3. 소독 대상물을 손상하지 않아야 한다.
4. 생산이 용이하여야 하고 값이 저렴하며, 냄새가 나지 않아야 한다.

(1) 크레졸 비누액(크레졸 CH₃C₆H₄OH)

물에는 잘 녹지 않는 특징이 있으므로 똑같은 양의 크레졸 비누액을 3, 물을 97의 비율로 크레졸 비누액을 제작하여 사용하며 소독력이 좋아 석탄산의 두 배의 소독작용이 있고 수지 피부 등의 소독에서 사용한다. 크레졸은 바이러스에 소독 효과가 적지만 세균 소독에 효과가 크다.

(2) 포름알데히드(formaldehyde HCHO)와 포르말린(formalin)

포름알데히드(formaldehyde HCHO)는 메틸알코올을 산화시켜서 제작한 가스 체로 자극적이고 강한 냄새가 있으며 물에 용해가 쉽게 된다. 강한 환원력이 있으며 낮은 농도에서 또한 살균작용을 한다. 메틸알코올을 이용한 간단한 발생기가 있고 밀폐되어 있는 실내나 특별히 제작한 상자 안에서 활성화시켜 안에 있는 물건들을 소독하는 데 쓰인다. 포르말린은 포름알데히드가 37% 이상 포함되어 있으며 수용액으로 높은 희석 농도에서도 단백질 작용하고, 회복할 수 없을 정도로 강한 살균력을 가지고 있으며, 아포에 대해서 강력한 살균력 있다. 포르말린은 일반 소독용으로 사용 시 1~1.5% 수용액을 사용하여 용도는 의류·도자기·목제품·셀룰로이드·고무제품 등의 소독에 적합하다고 볼 수 있다.

(3) 승홍수(염화제2수은 HgCl2)

승홍수는 물에는 잘 녹지 않고 무색·무취의 독성이 강한 편에 속하며 금속을 부식시킬 수 있으므로 용기는 플라스틱을 주로 사용하며, 약액은 푸크신 등으로 염색하여 구별해야 한다. 살균력은 좋으나 약 액도가 높으면 높을수록 더 강하고, 피부 소독에 0.1~0.5% 수용액을 사용하며·대장균·포도상 구균을 5~10분 안에 사멸시킨다. 점막에 자극성이 강하지만 고무제품·금속제품 등의 소독에 사용할 수는 없다.

(4) 알코올제(alcohol)

메틸알코올은 70~75% 수용액에서는 살균력이 좋으며 주로 수지·피부·기구 등의 소독에 사용하며 사용법이 간단하고 거의 독성이 없는 수준이다. 알코올은 증발이 빠른 속도로 진행되며 무포자균에 효과적이지만 아포형성균에는 그 반대로 효과가 없다.

(5) 역성비누액

살균력과 침투력이 강한 계면활성제로써 일반적으로 0.1~0.5%의 수용액을 만들어 사용한다. 무색·무취·무자극이어서 수지 기구·용기 소독에 적당하며 미용에서 널리 사용하고 있다. 거의 세정력이 없으며, 결핵균에서도 효력이 없다.

(6) 염소제(염소·표백분·차아염소산나트륨·염소무기 화합물)

할로겐(halogen)에는 옥소·불소 원소 등이 속한다. 주로 생활 세포 안에서 단백질과 할로겐 복합물을 생성하여 세포대사를 중단시키며 결국 균체를 사멸시킨다. 염소(클로닌 Cl_2)는 기체 상태에서는 살균력이 좋지만 부식성과 자극성이 강해서 상수도와 하수도 도독과 같이 큰 규모의 소독 이외에는 별로 쓰이지는 않는다. 표백분(클로르석회 $CaOCl_2$)은 물속에 발생기 염소를 내어서 살균작용을 한다. 음료수의 소독이나 수영장을 소독할 때 쓰인다. 음료수 소독 때는 0.2~0.4PPM 정도를 사용하며 차아염소산나트륨(NaOCl)은 용액 종류에서 발생하는 염소 원소에 의해서 살균작용을 한다. 분해되는 결점이 있으나 최근에 안정제를 첨가해서 살균제로 사용된다.

(7) 요오드제

염소제와 같이 살균력이 좋으나 짙은 농도에서 피부 점막에 대해서는 부작용이 약하다. 수지·기구 등의 소독에서는 약 100배 용액을 사용한다. 결점은 금속을 부식시키며 민감성 피부는 거칠어진다.

(8) 생석회(산화칼슘CaO)

생석회 양의 반 정도 물을 가하여 진흙 정도의 상태로 만들거나 석회유로 된 5
배(20%) 수용액으로 만들어서 사용한다. 물이나 습기가 찬 장소를 소독할 때 가
루를 직접적으로 그 장소에 뿌리는 것이 좋다. 생석회는 분뇨·토사물·쓰레기
통·분뇨통·하수도, 수조선저수 등의 소독에 적합하다. 결점은 결핵균·아포 등
에 내해서는 효과가 없고 장점은 값이 저렴하기 때문에 넓은 범위의 소독에 적합
하다.

(9) 과산화수소(Hydrogen Peroxide) 옥시풀(OXYFUL)과 과망간산칼륨 (potassium permanganate)

산화제 소독약은 설퍼하이드릴(sulphurhydryl,-SH)기를 산화시키며 세포대사
를 중단하게 하는 약제이다. 과산화수소(H_2O_2)sms 2.5~3.5% 수용액(옥시풀)으
로 소독에 사용하며, 색이 없으며 투명하고 냄새가 나지 않으나 때로는 오존과 같
이 냄새가 나는 액체로 병원체를 산화시켜서 살균한다.

(10) 약용비누

비누기제에 여러 가지의 살균제를 가한 것으로써 비누의 세정과 살균제에 의한
화학적 소독작용을 동시에 작용을 하기 위한 것이며, 손과 피부 소독 등에 사용되
고 있다.

(11) 머큐로크롬액(Mercurochorme)

흔하게는 빨간 소독약이라 하는 머큐로크롬 2% 수용액으로써 상처 소독에 그
대로 사용해도 무방하다. 머큐로크롬이 화학적으로는 무기수은 화합물에 속하고
자극이 없는 순한 살균제이지만 때로 과민성인 사람은 주의해야 한다. 세균 발육
의 억제작용이 비교적으로 오래 지속된다.

9.4 가스멸균법

가스멸균법은 살균제(germicide)를 가스 상태를 만들거나 또는 공기 중에 분무해 미생물들을 멸균시키는 화학적인 살균 방법이며, 가열멸균 방법과 다르게 미생물의 배양보다는 의학 분야 등에서 수술이나 제품 생산, 폐기물 처리 등에 사용되고 있는 방법이다. 대표적인 살균제(germicide)로는 에틸렌 옥사이드(Ethylene Oxide, EO)와 프로필렌 옥사이드(Propylene oxide), 메틸브로마이드(methyl bromide), 포름알데히드(formaldehyde), 오존(ozone, O3) 등이 있다.

1) 산화에틸렌(Ethylene oxide, EO (CH2)2O 멸균

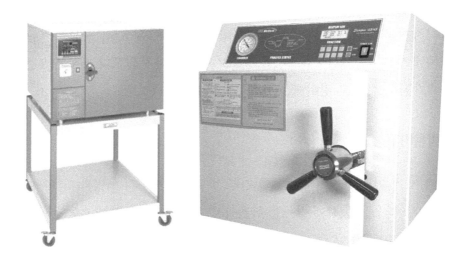

[EO 가스멸균기]

EO(Ethylene oxide) 가스멸균법은 EO Gas의 소독 성분들을 이용하여 바이러스 및 모든 미생물들의 종류를 사멸시키는 화학적인 소독 방법이다. EO Gas가 바이러스·미생물의 단백 생균에 있는 수소이온(hydrogen ion)과 결합하여 균을 불활성화되어 있는 반응 생성물로 변화시켜 세포의 대사나 DNA의 복제 등을 방해하여 균을 사멸시키는 방법이다. 38~60℃의 저온에서 소독이 이루어지며 고온·고습·고압이 없이 건조된 물질에 침투하여 소독하는 물품에 부식이나 손상을 주지 않는다. 때문에 섬세하고 세밀한 기구나 열에 약하고, 습기에 매우 예민한 기구들을 멸균할 때 사용한다.

단점으로는 독성·발암성·가열성이며 장시간(4~6시간 정도)의 멸균 시간이 요구되고, 멸균한 후에 잔류로 남아 있는 가스가 허용치의 이하로 될 때까지 사용하지 못한다. 또 장시간의 세정이 필요하다.

2) 저온 플라스마(low temperature plasma) 멸균

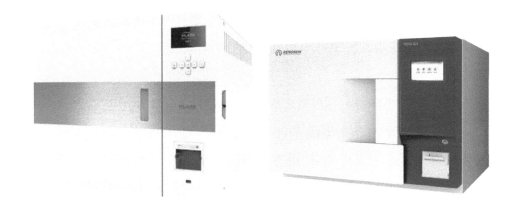

[저온 플라즈마 멸균기]

50℃ 이하인 온도에서 플라스마를 방출하여 멸균하는 방식으로 챔버(chamber) 내부를 감압한 후 수증기화된 과산화수소(hydrogen peroxide) 용액이 멸균하고자 하는 물품에 적재되어 있으며, 진공 상태로 존재하고 있는 멸균 용기의 내부로 유입된다. 이때 플라스마의 형성과 함께 강력한 침투력(Penetration Force)으로 인해 과산화수소의 증기가 파우치를 뚫으면서 멸균 물품 속으로 유입되고, 멸균 물품에 존재하고 있는 미생물들과 표면의 산화반응(oxidation-reduction reaction)을 일으키게 된다.

산화반응(oxidation-reduction reaction)이란 피부가 산화(분자와 원자 그리고 이온이 전자를 잃게 되고, 산화수(oxidation number)가 증가되는, 즉 노화되면서 죽어가는 것과도 같은 원리로 미생물들과 표면 산화반응에 의해 아포(spore, 芽胞) 또는 포자(spore, 胞子)에 둘러싸여 있는 벽이 무너지면서 침투되어 결국에는 죽이게 되는 것이다.

이 같은 원리로 저온 플라스마 멸균에는 여러 장점이 있다.

① 리필 제품·플라스틱 제품 또는 고무로 만들어진 제품 등 열에 의해 비가역 (irreversible)적인 변화를 가져오는 제품이나 핸들피스와 내시경 등의 직접적으로 신체와 접하는 고가 장비의 멸균이 가능하다.

② 즉시 사용이 가능하다. 일반적으로 오토클레이브(autoclave)의 경우 최소 40분 이상의 멸균 시간과 멸균 후의 기구 온도가 130℃에 이르기 때문에 충분한 냉각 시간을 필요로 한다. 하지만 최대 온도 50℃를 넘지 않는 저온 플라스마멸균으로 멸균된 기구는 30분의 시간도 충분하고, 멸균이 종료된 후에도 온도가 높지 않기 때문에 즉각적인 사용이 가능하여 산화에틸렌(Ethylene Oxide) 멸균과 비교했을 때 좀 더 안전하면서 효율적으로 멸균할 수 있다.
단점으로는 습기를 흡수하는 거즈, 방포, 목제품들에 사용을 할 수 없다는 점이다.

CHAPTER 10

화장품 미생물 한도 시험 및 방부력 테스트

화장품 위생관리

CHAPTER
10

화장품 미생물 한도 시험 및 방부력 테스트

10.1 미생물 한도 시험법의 구성 및 절차

1) 용어의 정의

(1) 세균

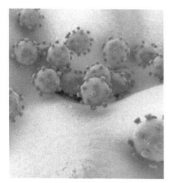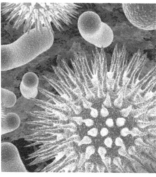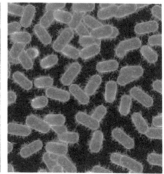

[세균]

단세포생물, 원핵생물로서 일반적으로 최적 성장 온도는 30~35℃이다. 그람 양성 및 그람 음성으로 구별되며 그람 양성으로는 식중독을 유발하는 포도상구균이, 그람 음성에는 심내막염·수막염·폐렴·폐혈증을 유발하는 녹농균, 복통과 장내 설사를 일으키는 살모넬라균 등이 이에 속한다.

(2) 진균

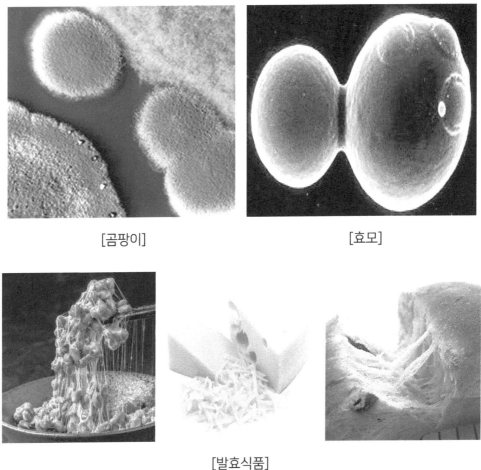

[곰팡이]   [효모]

[발효식품]

포자를 형성하면서 증식하는 효모와 곰팡이가 여기에 속하며, 최적 성장 온도는 20~25℃이다. 곰팡이는 병원 내에서 공기 감염을 유발하는 것 등이 있으며 페니실린 등을 생산하는 것도 있다. 효모의 경우 맥주, 빵의 발효 시 사용된다.

(3) 콜로니

고체 배지에서 균 배양 시 육안으로 관찰되는 동일한 균들의 세포덩어리

(4) 멸균

물질 중에서 모든 미생물을 죽이거나 또는 없애는 것을 말한다. 멸균법은 일반적으로 미생물의 종류나 오염 상태, 멸균하고자 하는 물질의 상태 및 성질에 따라 정한다.

2) 미생물 시험에서 사용되는 기기 및 기구

(1) 기구

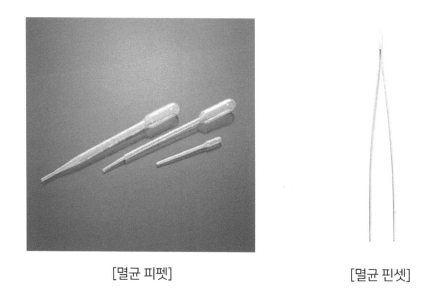

[멸균 피펫]   [멸균 핀셋]

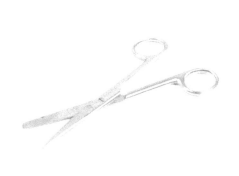

[멸균 가위]

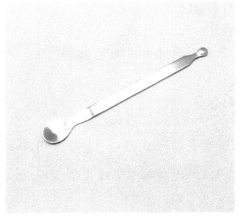

[멸균 약수저]

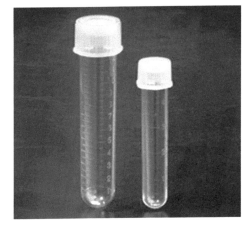

[멸균 시험관]

[멸균 병]

[멸균 페트리 디쉬]

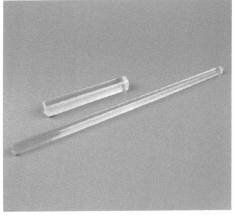

[멸균 유리봉]

(2) 기기

[클린벤치]

클린벤치(clean bench): 헤파 필터(Hepa filter)가 부착된 라미나 플로우 후드 (laminar flow hood)로 미생물 시험에서 사용하는 무균 장치를 말한다. 챔버 내부의 양압으로 외부 공기의 직접적인 흡입을 방지하도록 유지한다.

(3) 고압증기 멸균기

[고압증기 멸균기]

배지 및 기구 멸균에 이용한다.

(4) 건열 멸균기

[건열 멸균기]

기구의 건조 또는 멸균에 사용한다.

(5) 배양기

30~35℃의 범위에서 일정 온도를 유지하는 항온 세균 배양기와 20~25℃의 범위에서 일정한 온도를 유지하는 항온 진균 배양기를 사용한다.

(6) 알코올램프 및 가스버너

[알코올램프]

[가스버너]

3) 미생물 성장에 영향을 끼치는 요인

(1) 영양분

　미생물의 발육과 생존에는 물과 함께 영양 물질이 필요하며, 이러한 영양 물질로서 무기 화합물 또는 유기 화합물을 배양액에서 공급해 주어야 한다. 독립영양과 종속영양 등 영양 형태에 따라서 필요로 하는 영양원은 다양한데 보통 질소원, 탄소원, 무기염류, 발육 인자 등으로 나누어서 생각한다. 미생물이나 동식물의 조직 배양을 위해 배양체가 필요로 하는 영양 물질을 주성분으로 하는 것을 배지라고 한다. 특히 발육 인자에 관하여 생물체 내에서 추출한 대체로 복잡한 조성을 가진 것을 천연배지라 하며 세균의 경우는 혈청, 육즙 등을, 진균의 경우는 맥아엑스 등이 흔히 이용된다. 이에 비해 무기염류 또는 맥아엑스 등이 아닌 질소원, 탄소원을 따로 가하여 조성이 명확한 경우는 합성배지라 한다. 대량 배양에는 액체배지가 적절하며, 균주의 분리나 보존에는 한천 또는 젤라틴 등을 가한 고형배지가 주로 사용된다. 여러 종류의 세균을 포함하는 재료에서 특정 목적균을 추출하기 위한 배지를 선택배지라고 한다. 배지는 완전히 멸균한 후에 목적균을 심어야 하며 그렇지 않을 경우에는 잡균이 증식될 우려가 있어 배지를 보존하기 위해서는 반드시 멸균 작업을 하여야 한다.

(2) 배지의 물리적인 상태

[액체배지]

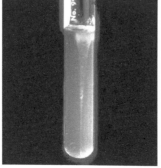
[반고체배지]

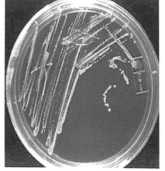
[고체배지]

미생물 시험배지는 액체 상태, 반고체 상태, 고체 상태가 있다. 액체배지는 배지를 이루고 있는 성분을 녹인 액체 상태의 배지이며 여기에 젤라틴 12%나 한천 1.5%를 첨가하면 배지는 반고체 상태로 되고, 한천 15~20%를 첨가하면 고체 상태가 된다. 끓는점 부근까지 가열하게 되면 다시 액체로 되고 45℃ 보다 낮아지게 되면 한천은 굳어지고 젤라틴은 20℃ 보다 낮아지면 굳어진다.

(3) 온도

미생물은 넓은 온도의 범위에서 자란다. 냉온성 균주(psychrophile, cryophile)는 -4~15℃에서 자라며, 중온성 균주(mesophile)는 15~45℃ 범위에서 자라는데 대다수의 미생물은 이 그룹에 속한다. 내열성 균주(thermophile)는 50~80℃에서 자라고, 몇몇의 미생물의 경우 90℃ 보다 더 높은 온도에서 자라는 경우도 있다. 냉온성 균주 대부분이 효소 활성이 저해되는 온도에서도 기능이 가능한 효소 체계를 가지기 때문에 낮은 온도에서도 자랄 수 있다. 음식에 존재하는 저온성 균은 냄새 또는 성상을 변하게 하는데 냉장고에 넣어 둔 햄버거가 며칠 후 오염되거나 냉장고에 보관한 과일에서 곰팡이가 생기는 현상 등은 저온성 균주가 성장해 나타나는 것이다. 중온성 균주는 10~30℃에서 자라는 것과 15~45℃에서 자라는 것과 같이 두 개의 그룹으로 나눌 수 있는데, 특히 37℃의 생체 내 온도에서 자라는 균들을 인체 서식 균주라고 하며 사람이나 따뜻한 피가 흐르는 동물들은 이러한 중온성균주의 숙주가 되게 된다.

(4) 산소

미생물에 따라서 미생물이 성장할 때에는 산소에 대한 요구도 다양하다. 산소가 있을 때에만 자라는 균주를 편성호기성균이라고 하며 액체배지 표면에서 층을 형성하며 자란다. 산소가 없을 때에만 자라는 균주를 편성혐기성균이라고 하고, 산소의 유무와는 관계없이 자라는 균주는 통성혐기성균이라고 한다. 또한, 공기압보다 더 낮은 분압의 산소를 요구하는 균주를 미호기성균(microaeophile)이라고 하는데 이는 산소를 감소시키기보다는 오히려 이산화탄소의 비율을 증가시킨다.

(5) 배지의 삼투압

세균의 세포는 osmotic machine으로 세포의 형태와는 무관하게 여과기 형태를 한 수많은 구멍을 가진 세포벽을 가지고 있다. 세포벽의 안에는 반투과성 막이 존재하며 그 막은 세포의 세포질(cytoplasm)과 염색체(chromosome), 그리고 그 밖의 세포기관(organelle)으로 구성되어 있다. 영양브로스(Nutrientbroth)에서 자란 세균을 15%의 당이 함유된 용액에 넣으면, 당에 의해서 삼투압의 차이가 나게 되어 세포 안의 물이 세포막을 통해 빠져나오고 세포벽 안의 압력을 낮추게 되므로 세포벽이 쭈그러든다. 이와는 반대로, 당을 함유하고 있는 용액에서 자란 세균을 증류수에 넣게 되면, 삼투압의 차에 의해서 세포가 터지게 된다. 이러한 삼투압의 영향은 배지에 사용되는 영양소원들의 농도에 따른다. 일반적으로 미생물은 염화나트륨 12%보다 높은 농도로 지탱하는 것이 불가능하며, 젤리나 잼이 잘 오염되지 않는 이유는 바로 높은 당 농도 때문이다. 생화학적인 분석을 위해서 세포를 증류수에 넣으면 세포가 터지게 되고 세포 내의 물질은 방출된다.

(6) 배지의 액성(pH)

미생물의 성장에 있어서 중요한 요소는 바로 수소이온($H+$)과 알칼리 이온($OH-$)의 농도이다. 정제수에서는 수소 이온과 알칼리 이온 모두 매우 낮은 농도로 존재한다. 물에 산이 첨가가 되면 이온화가 이루어진다. 염산과 같은 강산에서는 실제로 대부분의 분자의 이온화가 일어나는 반면, 약산에서는 약 1% 정도만이 이온화된다. 실제적으로 이온화가 되는 정도는 온도와 농도에 따라 다르다. pH 1~5에서 자라는 균을 호산성균(acidophile)이라 하며, pH 5.5나 pH 6~8에서 자라는 균주를 호중성균(neutrophile)이라고 하고, pH 7.5~10에서 자라는 균주를 호염기성균(basophile)이라 한다. 일반적으로 대부분의 세균은 pH 6~8의 범위에서 자라며, 대부분의 효소와 곰팡이는 pH 2.5~5.5의 범위에서 자란다. 예를 들어 비브리오 콜레라균의 경유 pH 9의 배지에서 분리가 되며, 이러한 성질을 이용해 선택배지로 균을 분리하기도 한다.

(7) 완충제(buffers)

당을 발효시켜서 산을 생성하면서 배지가 산성을 띠거나 아미노산의 탈아미노 반응에 의해 배지에 알칼리를 방출함으로써 알칼리성을 띠게 되는 경우에는 세균이 성장을 멈추거나 자라지 못하게 된다. 이처럼 산 또는 염기가 생성이 될 때 배지의 pH가 쉽게 변하지 않게 하기 위하여 완충제를 사용한다. 가장 일반적으로는 인산일수소칼륨과 인산이수소칼륨이 있으며 탄산칼슘과 그 외의 물질이 이용되기도 한다. 펩톤은 영양 공급원으로서 첨가되지만 완충작용을 나타내기도 한다.

(8) 부유, 분리, 선택배지

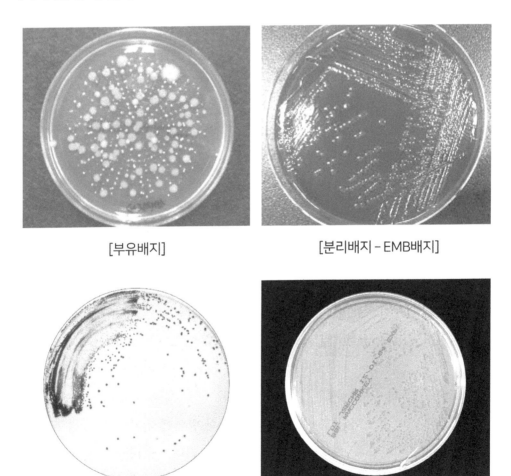

[부유배지]   [분리배지 – EMB배지]

[선택배지 – 살모넬라 시겔라배지]   [선택배지 – 맥콘키 배지]

많은 병원성 세균들은 일반적인 영양한천배지(nutrient agar)에서는 잘 자라지 않는다. 부유배지는 전체의 혈청, 혈액, 혈장, 효모 추출물, 복수(ascitic acid) 등이 첨가되어 있어서 배양 조건이 까다로운 균주들도 잘 성장하도록 한다. 분리배지는 균을 배양할 때 빠른 성장과 더불어 분명하고 쉽게 분리되는 집락의 모양을 갖게 함으로써 2종 이상의 세균을 가진 검체 중에서 하나의 균을 검출하는 배지를 말한다. 한 예로 levine의 EMB배지는 E. coli 분리배지로서 1%의 유당을 첨가하여 빨리 자라게 하며, 염색약인 메칠렌블루와 에오신을 첨가하여 녹색 금속광택을 띤 검은색 집락을 형성한다. Enterobacter aerogenes균과 같이 E. coli와 유사한 균들은 EMB 배지에서 잘 자라지만, 집락 모양이 크고 갈색 점액성을 갖기 때문에 구별할 수 있다. 선택배지는 주로 한천배지로, 상재균의 발육으로 병원균의 발육이 곤란한 경우에는 목적 이외의 균 발육을 억제하는 배지이다(예 : 맥콘키 배지, 살모넬라 시겔라 배지, 스타필로코쿠스 110 배지 등). S-S(Salmonella-Shigella) 배지는 salmonella와 shigella의 선택배지로서 담즙산염과 염색약을 억제제로 사용하는데 분변이나 분변 현탁액을 배지에 발라 주게 되면 salmonella와 shigella는 무색의 집락을 형성하며, 분변의 주요 균종 중 하나인 E. coli는 이 배지에서 성장할 수 없게 된다.

10.2 화장품의 미생물 한도 기준 및 시험 방법

일반적으로 다음의 시험법을 사용한다. 다만, 본 시험법 외에도 미생물 검출을 위한 자동화 장비와 미생물 동정기기 및 키트 등을 사용할 수도 있다.

총 호기성 생균(진균과 세균) 수를 측정하고, 특정한 세균인 대장균과 녹농균 및 황색포도상구균의 유무를 시험한다.

1) 검체의 전처리

검체 조작은 무균 조건하에서 실시하여야 하며, 검체는 충분하게 무작위로 선별하여 그 내용물을 혼합하고 검체의 특성에 따라 다음의 각 방법으로 검체를 희석, 용해, 부유 또는 현탁시킨다.

(1) 수분산 검체

검체 1mL에 변형 레틴액체배지 또는 총 호기성 생균 수 시험법의 배지 적합성 시험과 미생물 발육 저지 물질의 확인 시험을 실시하여 검증된 배지나 희석액 9mL를 넣어 10배의 희석액을 만들고 필요시에는 희석한다.

(2) 비수분산 검체

검체 1g(mL)에 적당한 분산제(예 : 멸균한 폴리소르베이트 80)을 1mL를 넣어 균질화시키고 변형 레틴액체배지 또는 총 호기성 생균 수 시험법의 배지의 적합성 시험과 미생물 발육 저지 물질의 확인 시험을 통하여 검증된 배지나 희석액 8mL를 넣어 10배 희석액을 만들고 필요시에 희석한다. 균질화가 잘되지 않을 경우 5mm 유리 구슬 5~7개(3mm 유리 구슬 10~15개)를 넣어서 균질화시키고 변형 레틴액체배지 또는 총 호기성 생균 수 시험법에서의 배지의 적합성 시험과 미생물 발육 저지 물질의 확인 시험을 통하여 검증된 배지나 희석액을 넣어 10배 희석액을 만들고 필요시에 희석한다. (단, 사용하는 분산제는 미생물의 생육에 대하여 영향이 없는 것 또는 영향이 없는 농도에서 사용한다.)

10.3 총 호기성 생균 수 한도 시험법

총 호기성 생균 수 시험법은 화장품 중 총 호기성 생균(세균, 진균) 수를 측정하는 시험 방법이다.

1) 한천평판 희석법

(1) 검액의 조제

변형 레틴액체배지(Modified letheen broth), 변형 레틴액체배지, 총 호기성 생균수 시험법에서의 배지의 적합성 시험과 미생물 발육 저지 물질의 확인 시험을 통하여 검증된 배지나 희석액을 사용하여 1)항에 따라 검액을 조제한다.

(2) 배지

총 호기성 세균 수 시험은 변형 레틴한천배지 또는 대두카제인소화한천배지를 사용하고 진균 수 시험은 항생물질 첨가 포테이토덱스트로즈한천배지 또는 항생물질 첨가 사브로포도당한천배지를 사용한다. 위의 배지 이외에 배지의 적합성 또는 시험 결과의 타당성 시험을 통하여 검증된 다른 미생물 검출용 배지도 사용할 수 있고, 세균의 혼입이 없다고 예상된 때나 세균의 혼입이 있어도 눈으로 판별이 가능하면 항생 물질을 첨가하지 않을 수 있다.

① 변형 레틴액체배지 (Modified letheen broth)

육제펩톤	20.0 g
카제인의 판크레아틴 소화물	5.0 g
효모엑스	2.0 g
육엑스	5.0 g
염화나트륨	5.0 g

폴리소르베이트 80	5.0 g
레시틴	0.7 g
아황산수소나트륨	0.1 g
정제수	1000 mL

이상을 달아 정제수에 녹여 1L로 하고 멸균 후의 pH가 7.2±0.2가 되도록 조정하고 121℃에서 15분간 고압 멸균한다.

② 변형 레틴한천배지 (Modified letheen agar)

프로테오즈 펩톤	10.0 g
카제인의 판크레아틱소화물	10.0 g
효모엑스	2.0 g
육엑스	3.0 g
염화나트륨	5.0 g
포도당	1.0 g
폴리소르베이트 80	7.0 g
레시틴	1.0 g
아황산수소나트륨	0.1 g
한천	20.0 g
정제수	1000 mL

이상을 달아 정제수에 녹여 1L로 하고 멸균 후의 pH가 7.2±0.2가 되도록 조정하고 121℃에서 15분간 고압 멸균한다.

③ 대두카제인소화한천배지 (Tryptic soy agar)

카제인제 펩톤	15.0 g
대두제 펩톤	5.0 g
염화나트륨	5.0 g

한천	15.0 g
정제수	1000 mL

이상을 달아 정제수에 녹여 1L로 하고 멸균 후의 pH가 7.2 ± 0.1이 되도록 조정하고 121℃에서 15분간 고압 멸균한다.

④ 항생물질 첨가 포테이토덱스트로즈한천배지(Potato dextrose agar)

감자침출물	200.0 g
포도당	20.0 g
한천	15.0 g
정제수	1000 mL

이상을 달아 정제수에 녹여 1L로 하고 121℃에서 15분간 고압 멸균한다. 사용하기 전에 1L당 40mg의 염산테트라사이클린을 멸균배지에 첨가하고 10% 주석산 용액을 넣어 pH를 3.5 ± 0.1로 조정한다.

⑤ 항생 물질 첨가 사부로포도당한천배지 (Sabouraud dextrose agar)

육제 또는 카제인제 펩톤	10.0 g
포도당	20.0 g
한천	15.0 g
정제수	1000 mL

이상을 달아 정제수에 녹여 1L로 하고 121℃에서 15분간 고압 멸균한 다음 pH가 5.6 ± 0.2가 되도록 조정한다. 쓸 때 배지 1000mL당 벤질페니실린칼륨 0.10g과 테트라사이클린 0.10g을 멸균 용액으로서 넣거나 배지 1000mL당 클로람페니콜 50mg을 넣는다.

(3) 조작

① 세균 수 시험

직경이 9~10cm인 페트리 접시 내에 미리 굳혀 놓은 변형 레틴한천배지의 표면에 전처리 검액 1mL를 도말한다. 또는 검액 1mL를 같은 크기의 페트리 접시에 넣고 그 위에 멸균 후 45℃로 식힌 15mL의 배지를 넣어 잘 혼합한다. 검체당 최소 2개의 평판을 준비하고 30~35℃에서 적어도 48시간 배양하는데, 이때 최대 균집락 수를 갖는 평판을 사용하되 평판당 300개 이하의 균집락을 최대치로 하여 총 세균 수를 측정한다.

② 진균 수 시험

세균 수 시험에 따라 시험을 실시하되 배지는 진균 수 시험용 배지를 사용하여 배양 온도 20~25℃에서 적어도 5일간 배양한 후 100개 이하의 균집락이 나타나는 평판을 세어 총 진균 수를 측정한다.

2) 배지의 적합성 시험

(1) 배지의 적합성 시험

아래 표의 준비 배양 조건에서 배양된 균주 또는 이와 동등하다고 여겨지는 균주를 사용할 수 있다. 균액 1mL당 약 100개 정도의 생균이 함유되도록 완충식염펩톤수(pH 7.0)에 희석하여 균액을 제조한다. 시험에 사용하는 배지는 균액 1mL를 접종하여 세균은 30~35℃에서 최소 48시간, 진균은 20~25℃에서 최소 5일간 배양할 때 충분한 증식 또는 접종 균 수의 회수가 확인되어야 한다. 또한, 시험에 사용된 배지 및 희석액 또는 시험 조작상의 무균 상태를 확인하기 위하여 완충식염펩톤수(pH 7.0)를 대조로 하여 총호기성 생균 수 시험을 실시할 때 미생물의 성장이 나타나서는 안 된다.

배지 성능 시험용 균주

시험균주	준비 배양 조건
Staphylococcus aureus (ATCC No. 6538 or 6538 P) Bacillus subtilis (ATCC No. 6633) Escherichia coli (ATCC No. 8739)	호기배양 30 ℃~35 ℃ 18 ℃~24 시간
Candida albicans (ATCC No. 2091 or 10231)	호기배양 20 ℃~25℃ 48시간

3) 미생물 발육 저지 물질의 확인 시험

배지의 적합성 시험 항목에 따라 시험을 실시할 때 검액의 유·무에서 균수의 차이가 2배 이상이 되어선 안 된다.

10.4 특정 미생물 시험법

1) 대장균 시험

(1) 검액의 조제 및 조작:

검체 1g 또는 1mL를 달아 유당액체배지를 사용하여 10mL로 하여 30~35℃에서 24~72시간 동안 배양한다. 배양액을 가볍게 흔든 다음 백금이 등으로 취하여 맥콘키한천배지 위에 도말하고 30~35℃에서 18~24시간 배양한다. 주위에 적색의 침강선 띠를 갖는 적갈색의 그람 음성균의 집락이 검출되지 않으면 대장균 음성으로 판정한다. 위의 특정을 나타내는 집락이 검출되는 경우에는 에오신메칠렌블루한천배지에서 각각의 집락을 도말하고 30~35℃에서 18~24시간 배양한다.

에오신메칠렌블루한천배지에서 금속광택을 나타내는 집락 또는 투과 광선하에
서 흑청색을 나타내는 집락이 발견되면 백금이 등으로 취하여 발효 시험관이 든
유당액체배지에 넣어 44.3~44.7℃의 항온수조 중에서 22~26시간 배양한다. 가스
발생이 나타나는 경우에는 대장균 양성으로 판정한다.

(2) 배지

① 유당액체배지

육엑스	3.0 g
젤라틴의 판크레아틴 소화물	5.0 g
유당	5.0 g
정제수	1000 mL

이상을 달아 정제수에 녹여 1L로 하고 121℃에서 15~20분간 고압증기 멸균
한다. 멸균 후의 pH가 6.9~7.1이 되도록 하고 가능한 한 빨리 식힌다.

② 맥콘키한천배지

젤라틴의 판크레아틴 소화물	17.0 g
카제인의 판크레아틴 소화물	1.5 g
육제 펩톤	1.5 g
유당	10.0 g
데옥시콜레이트나트륨	1.5 g
염화나트륨	5.0 g
한천	13.5 g
뉴트럴렛	0.03 g
염화메칠로자닐린	1.0 mg
정제수	1000 mL

이상을 달아 정제수 1L에 녹여 1분간 끓인 다음 121℃에서 15~20분간 고압
증기 멸균한다. 멸균 후의 pH가 6.9~7.3이 되도록 한다.

③ 에오신메칠렌블루한천배지(EMB한천배지)

젤라틴의 판크레아틴 소화물	10.0 g
인산일수소칼륨	2.0 g
유당	10.0 g
한천	15.0 g
에오신	0.4 g
메칠렌블루	0.065 g
정제수	1000 mL

이상을 달아 정제수 1L에 녹여 121℃에서 15~20분간 고압증기 멸균한다. 멸균 후의 pH가 6.9~7.3이 되도록 한다.

2) 녹농균 시험

(1) 검액의 조제 및 조작

검체 1g 또는 1mL를 달아 카제인대두소화액체배지를 사용하여 10mL로 하고 30~35℃에서 24~48시간 증균 배양한다. 증식이 나타나는 경우는 백금이 등으로 세트리미드한천배지 또는 엔에이씨한천배지에 도말하여 30~35℃에서 24~48시간 배양한다. 미생물의 증식이 관찰되지 않는 경우 녹농균 음성으로 판정한다. 그람 음성간균으로 녹색 형광 물질을 나타내는 집락을 확인하는 경우에는 증균 배양액을 녹농균한천배지 P 및 F에 도말하여 30~35℃에서 24~72시간 배양한다. 그람 음성간균으로 플루오레세인 검출용 녹농균 한천배지 F의 집락을 자외선 아래에서 관찰하여 황색의 집락이 나타나고, 피오시아닌 검출용 녹농균한천배지 P의 집락을 자외선 아래에서 관찰하여 청색의 집락이 나타나면 녹농균 양성으로 판정한다. 녹농균 가능성이 높은 집락은 옥시다제 시험을 시행한다. 집락을 N, N-디메칠 p-페닐렌디암모늄이염산염이 묻은 여지에 옮기고 5~10초 이내에 자색으로 변색되면 옥시다제 반응 양성으로 판정한다. 옥시다제 반응이 음성인 경우에는 녹농균 음성으로 판정한다.

(2) 배지

① 카제인대두소화액체배지

카제인 판크레아틴 소화물	17.0 g
대두파파인소화물	3.0 g
염화나트륨	5.0 g
인산일수소칼륨	2.5 g
포도당일수화물	2.5 g

이상을 달아 정제수에 녹여 1L로 하고 멸균 후의 pH가 7.3±0.2가 되도록 조정하고 121℃에서 15분간 고압 멸균한다.

② 세트리미드한천배지(Cetrimide agar)

젤라틴제 펩톤	20.0 g
염화마그네슘	3.0 g
황산칼륨	10.0 g
세트리미드	0.3 g
글리세린	10.0 mL
한천	13.6 g
정제수	1000 mL

이상을 달아 정제수에 녹이고 글리세린을 넣어 1L로 한다. 121℃에서 15분간 고압증기 멸균하고 pH가 7.2±0.2가 되도록 조정한다.

③ 엔에이씨한천배지(NAC agar)

펩톤	20.0 g
인산수소이칼륨	0.3 g
황산마그네슘	0.2 g
세트리미드	0.2 g

날리딕산	15 mg
한천	15.0 g
정제수	1000 mL

최종 pH는 7.4±0.2이며 멸균하지 않고 가온하여 녹인다.

④ 플루오레세인 검출용 녹농균한천배지 F(Pseudomonas agar F for detection of fluorescein)

카제인제 펩톤	10.0 g
육제 펩톤	10.0 g
인산일수소칼륨	1.5 g
황산마그네슘	1.5 g
글리세린	10.0 mL
한천	15.0 g
정제수	1000 mL

이상을 달아 정제수에 녹이고 글리세린을 넣어 1L로 한다. 121℃에서 15분 간 고압증기 멸균하고 pH가 7.2±0.2가 되도록 조정한다.

⑤ 피오시아닌 검출용 녹농균한천배지 P(Pseudomonas agar P for detection of pyocyanin)

젤라틴의 판크레아틴 소화물	20.0 g
염화마그네슘	3.0 g
황산칼륨	10.0 g
글리세린	10.0 mL
한천	15.0 g
정제수	1000 mL

이상을 달아 정제수에 녹이고 글리세린을 넣어 1L로 한다. 121℃에서 15분 간 고압증기 멸균하고 pH가 7.2±0.2가 되도록 조정한다.

3) 황색포도상구균 시험

(1) 검액의 조제 및 조작

검체 1g 또는 1mL를 달아 카제인대두소화액체배지를 사용하여 10mL로 하고 30~35℃에서 24~48시간 증균 배양한다. 증균 배양액을 보겔존슨한천배지 또는 베어드파카한천배지에 이식하여 30~35℃에서 24시간 배양하여 균의 집락이 검은색이고 집락 주위에 황색 투명대가 형성되며 그람 염색법에 따라 염색하여 검경한 결과 그람 양성균으로 나타나면 응고효소 시험을 실시한다. 결과가 양성으로 나오면 황색포도상구균 양성으로 판정한다.

(2) 배지

① 보겔존슨한천배지(Vogel-Johnson agar)

카제인의 판크레아틴 소화물	10.0 g
효모엑스	5.0 g
만니톨	10.0 g
인산일수소칼륨	5.0 g
염화리튬	5.0 g
글리신	10.0 g
페놀렛	25.0 mg
한천	16.0 g
정제수	950 mL

이상을 달아 1분 동안 가열하여 자주 흔들어 준다. 121℃에서 15분간 고압 멸균하고 45~50℃로 냉각시킨다. 멸균 후 pH가 7.2±0.2가 되도록 조정하고 멸균한 1 %(w/v) 텔루린산칼륨 20mL를 넣는다.

② 베어드파카한천배지(Baird-Parker agar)

카제인제 펩톤	10.0 g
육엑스	5.0 g
효모엑스	1.0 g
염화리튬	5.0 g
글리신	12.0 g
피루브산나트륨	10.0 g
한천	20.0 g
정제수	950 mL

이상을 섞어 때때로 세게 흔들며 섞으면서 가열하고 1분간 끓인다. 121℃에서 15분간 고압 멸균하고 45~50℃로 냉각시킨다. 멸균한 다음의 pH가 6.8±0.2이 되도록 조정한다. 여기에 멸균한 아텔루산칼륨 용액 1%(w/v) 10mL와 난황 유탁액 50mL를 넣고 가만히 섞은 다음 페트리 접시에 붓는다. 난황 유탁액은 난황 약 30%, 생리식염액 약 70%의 비율로 섞어 만든다.

10.5 배지의 적합성과 시험 방법의 타당성 시험

녹농균 ATCC 9027과 황색포도상구균 ATCC 6538P 또는 ATCC 6538은 카제인 대두소화액체배지를 사용하며, 대장균 ATCC 8739은 유당액체배지를 사용한다. 각각의 배양액을 완충식염펩톤수에 1mL당 약 1,000개의 균주가 함유될 수 있도록 희석하고 각각의 균액을 동량으로 섞은 다음 0.4mL(각 균 수가 약 100개)를 녹농균시험, 대장균시험, 황색포도상구균시험의 접종균으로 한다. 검액의 유·무에 따라서 각각 특정 세균 시험법에 의해 시험할 때 접종균 각각이 양성으로 나타나야 한다.

화장품 안정성 시험

CHAPTER

11

화장품 안정성 시험

11.1 장기 보존 시험

화장품의 저장 조건에서 사용 기한 설정을 위한 장기간에 걸친 물리적·화학적, 미생물학적 안정성과 용기 적합성을 확인하는 시험을 말한다.

1) 장기 보존 시험 조건

(1) 로트의 선정

시중에 유통할 제품과 동일한 처방, 동일한 제형 및 동일한 포장용기를 사용한다. 3로트 이상에 대해 시험하는 것을 원칙으로 한다. 단, 안정성에 영향을 미치지 않는다고 판단되는 경우는 예외로 할 수 있다.

(2) 보존 조건

제품의 유통 조건을 고려하여 적합한 온습도, 시험 기간과 측정 시기를 설정하여 시험한다. 예를 들어 실온 보관을 하는 화장품은 온도 25±2℃/상대습도 60±5% 또는 30±2℃/상대습도 66±5%로, 냉장 보관을 하는 화장품은 5±3℃로 실험할 수 있다.

(3) 시험 기간

6개월 이상의 기간 동안 시험하는 것을 원칙으로 하지만, 화장품의 특성에 따라서 별도로 정할 수 있다.

(4) 측정 시기

시험 개시 때와 첫 1년간은 3개월마다, 그 후 2년까지는 6개월마다, 2년 이후부터 1년에 1회 시험한다.

(5) 시험 항목

① 일반 화장품
화장품의 종류와 구성 성분들이 매우 다양하기 때문에 제품의 유형 및 제형에 따라서 가장 적절한 안정성 시험 항목을 설정한다. 시험 항목과 시험 기준은 경험 및 과학적 근거 등을 바탕으로 선정한다.

② 기능성화장품
기준과 시험 방법에서 설정된 전 항목을 원칙으로 하며, 전 항목 실시를 하지 않는 경우에는 이에 대해 과학적 근거를 제시하여야 한다.

11.2 가속 시험

장기 보존 시험의 저장 조건을 벗어나 단기간의 가속 조건이 물리적, 화학적, 미생물학적으로 안정성 또는 용기 적합성에 미치는 영향 평가를 위한 시험을 말한다.

1) 가속시험 조건

(1) 로트의 선정

장기 보존 시험 기준에 따른다.

(2) 보존 조건

유통의 경로나 제형의 특성에 따라 적절하게 시험 조건을 설정하여야 하며, 일반적으로는 장기 보존 시험에서의 지정 저장 온도보다 15℃ 이상 높은 온도에서 시험을 실시한다. 예를 들어 실온 보관을 하는 화장품은 온도 40±2℃/상대습도 75±5%에서 실험을 실시하며, 냉장 보관을 하는 화장품은 25±2℃/상대습도 60±5%에서 실험을 실시한다.

(3) 시험 기간

6개월 이상의 기간에 걸쳐 시험하는 것을 원칙으로 하지만, 필요시 상황에 맞추어 조정할 수 있다.

(4) 측정 시기

시험을 개시한 때를 포함하여 최소 3번의 측정을 한다.

(5) 시험 항목

장기 보존 시험 조건에 따른다.

11.3 가혹 시험

 가혹한 조건에서 화장품의 분해 과정이나 분해산물 등을 확인하기 위한 시험으로 일반적으로는 개별 화장품의 취약성, 예상되는 보관, 진열, 운반 및 사용 과정에서 뜻하지 않게 일어날 수 있는 가혹한 조건에서 발생 가능한 품질의 변화를 검토하기 위하여 이와 같은 시험을 수행한다.

1) 온도의 편차 및 극한 조건

 운반 또는 보관 과정에서 극한적인 온도와 압력 조건에 제품이 노출될 수 있기 때문에 이러한 극한 조건으로 동결-해동 시험을 염두해야 하는 제품의 경우에 수행을 하며 일정한 온도 조건하에서의 보관보다는 온도 사이클링(cycling)이나 "동결-해동(freeze-thaw)" 시험을 통하여 문제점의 보다 신속한 파악이 가능하다. 동결-해동 시험 시 현탁(결정이 형성되거나 흐릿해지는 경향)의 발생 여부, 유제와 크림제의 결여된 안정성 문제, 포장 문제(예를 들면 표시나 기재 사항의 분실이나 파손, 구겨짐, 찌그러짐), 알루미늄 튜브 내부의 래커 부식 여부 등을 관찰한다. 시험의 예로는 저온 시험과 고온 시험, 동결-해동 시험이 있다.

2) 기계 · 물리적 시험(Mechanical shock testing)

 본 시험에서 진동 시험(vibration testing)은 분말이나 과립 제품이 혼합된 상태가 깨지거나(de-mixing) 또는 제형의 분리가 발생하는지의 여부를 판단하기 위해 수행한다. 기계적, 물리적 충격 시험, 진동 시험을 통한 분말 제품들의 분리도 시험 등 보관, 유통, 사용 조건하에서 제품 특성상 필요하다고 판단되는 시험을 말한다. 기계적 충격 시험(mechanical shock testing)은 운반하는 과정에서 화장품이나 또는 화장품의 포장이 손상될 가능성을 조사할 때 사용한다.

3) 광안정성

제품이 빛에 노출될 가능성이 있는 상태로 포장되어진 화장품은 광안정성 시험을 실시하는데, 이때의 시험은 화장품이 빛에 노출될 수 있는 조건을 반영하여야 한다.

4) 가혹 시험 조건

(1) 로트의 선정 및 시험 기간

검체의 특성과 시험 조건에 따라서 적절히 정한다.

(2) 시험 조건

온도, 습도, 광선 3가지의 조건을 검체의 특성을 고려해 결정한다. 예를 들면 온도 순환(-15~45℃), 냉동-해동, 저온-고온의 가혹 조건을 모두 고려하여 결정한다.

(3) 시험 항목

장기 보존 시험 조건에 따르며, 품질관리에 있어서 중요한 항목과 분해 산물의 생성 유무를 확인한다.

11.4 개봉 후 안정성 시험

화장품을 사용할 때 발생할 수 있는 오염 등을 고려하여 사용 기한을 설정하기 위한 시험으로 장기간에 걸쳐 화학적 · 물리적, 미생물학적 안정성과 용기의 적합성을 확인하는 시험을 말한다.

1) 개봉 후 안정성 시험

(1) 로트의 선정

장기 보존 시험 조건에 따른다.

(2) 보존 조건

제품의 사용 조건 등을 고려하여, 적절한 온도와 시험 기간 및 측정 시기를 설정해 시험한다. 예를 들면 계절별로 각각의 연평균 온도 및 습도 등의 조건이 설정 가능하다.

(3) 시험 기간

6개월 이상의 시험을 원칙으로 하나, 특성에 따라서는 조정할 수 있다.

(4) 측정 시기

시험 개시 때와 첫 1년간은 3개월마다, 그 후 2년까지는 6개월마다, 2년 이후부터 1년에 1회 시험한다.

(5) 시험 항목

① 일반 화장품
화장품의 종류와 그 구성 성분들이 매우 다양하므로 제품 유형 및 제형에 따라서 적합한 안정성 시험 항목을 설정한다. 시험 항목 또는 시험 기준은 과학적 근거 또는 경험 등을 바탕으로 선정한다.

② 기능성화장품
기준 및 시험 방법에서 설정된 전 항목을 원칙으로 하며, 전체 항목의 실시가 이루어지지 않았을 경우에는 이에 대한 과학적 근거를 구비하고 제시하여야 한다.

11.5 안정성 시험 제품 부착 표기 및 결과 보고서 작성

1) 장기 보존 시험 및 가속 시험

(1) 일반 시험

향취 및 색상, 균등성, 액상, 사용감, 유화형, 내온성 시험을 수행한다.

(2) 물리 · 화학적 시험

향, 성상, 사용감, 점도, 분리도, 질량 변화, 유화 상태, pH 및 경도 등 제제의 물리적 성질과 화학적 성질을 평가한다.

① 물리적 시험

융점, 경도, pH, 비중, 유화 상태, 점도 등

② 화학적 시험

에테르불용 및 에탄올 가용성 성분, 시험물 가용성 성분, 에테르 및 에탄올 가용성 검화물, 에테르 및 에탄올 가용성 불검화물, 에테르 가용 및 에탄올 불용성 불검화물, 에테르 가용 및 에탄올 불용성 검화물, 증발 잔류물, 에탄올 등

(3) 미생물학적 시험

정상적으로 제품을 사용할 시 미생물 증식을 억제하는 능력이 있음을 증명하는 미생물학적 시험과 필요에 따라서는 기타 특이적 시험을 통하여 미생물에 대한 안정성 평가를 실시한다.

(4) 용기 적합성 시험

제품과 용기 간의 상호작용(화학적 반응, 용기의 제품 흡수, 부식 등)에 대한 적
합성을 평가한다.

2) 가혹 시험

본 시험의 항목은 보존 기간 중에 제품의 기능성이나 안전성에 영향을 확인할
수 있는 품질관리상에서 중요한 항목과 분해산물의 생성 유무를 확인한다.

3) 개봉 후 안정성 시험

개봉 전 시험 항목과 살균 보존제, 유효성 성분 시험, 미생물 한도 시험을 수행
한다. 단, 일회용 제품이나 개봉이 불가한 제품(스프레이 등) 등은 개봉 후 안정성
시험 수행의 필요가 없다.

(1) 안정성 시험 시 제품 부착 표기 라벨 예시

연번	/
제품명	
제조일자 및 Lot. Nr	
시험개시일자	
다음시험일자	
비고	

(2) 안정성 시험 결과서 예시

기간 / 시험항목	최초	개월	개월	....	....	....	....	....
pH								
미생물학적 시험								
질량								
:								
:								
:								

참고문헌

감염미생물 면역약학 분과학회 저, 최신면역학, 라이프 사이언스, 2018

감염미생물 면역약학 분과학회 저, 최신면역학, 라이프 사이언스, 2018

과학기술정보통신부, 연구실 사전유해인자위험분석 실시에 관한 지침[제2017-7호] [시행 2017. 8. 14], 2017

국가법령정보센터

국가법령정보센터 - 기능성화장품 심사에 관한 규정

국가법령정보센터 개인정보보호법

국가법령정보센터 화장품법

국가법령정보센터 화장품법 시행규칙(총리령)

국가법령정보센터 화장품법 시행령(대통령령)

김옥진, 정태호 저, 병원미생물학 개론, 문운당, 2012

김옥진, 정태호 저, 병원미생물학 개론, 문운당, 2012

김종오, 박만석, 정용택, 이성홍, 현준식 저, 위생미생물학, 형설출판사, 2008

김종오, 박만석, 정용택, 이성홍, 현준식 저, 위생미생물학, 형설출판사, 2008

김주덕 외, 30일 완성 총정리 맞춤형화장품 조제관리사, 광문각, 2020

대한화장품협회

대한화장품협회, 화장품의 미생물한도 기준 및 시험방법 가이드라인, 2006

박남수, 이계영, 허홍임 저, 공중위생관리학, 보문각, 2019

박지영 저, 소독과 감염병학, 정담미디어, 2012

박지영 저, 소독과 감염병학, 정담미디어, 2012

박철회 저, 생물분석 (환경인을 위한 미생물 시험법), 북스홀릭퍼블리싱, 2017

보건복지부, 공중위생관리법[시행 2020. 7. 8.][법률 제17195호], 2013

서경회 저, 화장품과 미생물, 화장품신문사, 2005

송미라, 임순녀, 이재란, 장진미, 송지현 저, 소독 및 전염병학, 광문각, 2011

식약의약품안전처 저, 바이오생약국 소관 제조 유통관리 기본 계획, 진한엠앤비, 2021

식품의약품안전처

식품의약품안전처, 실험실 안전 교육자료(실험전후안전관리), 2020

식품의약품안전처, 화장품 미생물한도 시험법 가이드라인, 2018

식품의약품안전처, 화장품 안정성시험 가이드라인, 2011

식품의약품안전처 - 화장품 안전기준 등에 관한 규정 해설서

식품의약품안전처 [별표 1] 품질관리기준(제7조 관련)(화장품법 시행규칙)

식품의약품안전처 [별표 2] 책임판매 후 안전관리기준(제7조 관련)(화장품법 시행규칙)

식품의약품안전처 [별표 3] 화장품 유형과 사용 시의 주의사항(제19조제3항 관련)(화장품법 시행규칙)

식품의약품안전처 [별표 9] 수수료(제32조 관련)(화장품법 시행규칙)

식품의약품안전처 「기능성화장품+기준+및+시험방법」+개정고시+전문

식품의약품안전처 기능성화장품의 유효성평가를 위한 가이드라인(III)

식품의약품안전처 저, 진한엠앤비, 화장품 사고 위기관리 지침, 2014

식품의약품안전처 화장품 시험검사기관 지정현황

식품의약품안전처 화장품 안전기준 등에 관한 규정 해설서

식품의약품안전처 화장품 안전성 정보관리 규정

식품의약품안전처 화장품안정성시험가이드라인

식품의약품안전처 화장품 의약외품 표시광고 등 질의응답집

식품의약품안전처 화장품표시광고의 이해

식품의약품안전처 화장품 품질관리를 위한 시험법

안정림 (2001) 화장품법 제정에 따른 변화 및 향후 전망, 보건산업기술동향 pp169-pp173

이갑상 저, 응용미생물학개론, 세진사, 2002

이갑상 저, 응용미생물학개론, 세진사, 2002

이은숙, 임미혜, 박승경, 최정윤, 김근수 저, 소독 전염병학, 성화, 2009

정홍자 외, 맞춤형화장품 조제관리사 2주 안에 합격하자, ㈜ 시대고시기획, 2020

최인정 저, 맞춤형 화장품 조제관리사 유통·화장품 안전관리, 휴앤북, 2020

하우연아카데미, 맞춤형화장품 조제관리사 자격취득과정, ㈜ 하우연, 2019

한국미생물학회 저, 미생물학, 범문에듀케이션, 2017

한국미생물학회 저, 미생물학, 범문에듀케이션, 2017

[네이버 지식백과] ISO [Inter- national Organization For Standardization] (중소벤처기업부 전문용어, 2010. 11., 중소벤처기업부)

http://www.ikmr.co.kr/sub/iso1_1.asp

화장품 위생관리

| 2021년 | 9월 | 1일 | 1판 | 1쇄 | 인 쇄 |
| 2021년 | 9월 | 6일 | 1판 | 1쇄 | 발 행 |

지 은 이 : 최화정, 박미란, 정다빈

펴 낸 이 : 박   정   태

펴 낸 곳 : 광   문   각

10881
경기도 파주시 파주출판문화도시 광인사길 161
광문각 B/D 4층
등   록 : 1991. 5. 31 제12 - 484호
전   화(代) : 031-955-8787
팩   스 : 031-955-3730
E - mail : kwangmk7@hanmail.net
홈페이지 : www.kwangmoonkag.co.kr

ISBN : 978-89-7093-563-8   93590

값 : 20,000원

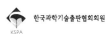
한국과학기술출판협회회원